你所坚信的生活，最终都会实现

她总 著

中国出版集团 现代出版社

重要的事

人活在这个世界上，重要的是有个能说话的人。

可以有共同爱好的去处，彼此说说话，不管能不能听懂，

总是有人愿意说，对方愿意听，

也是一件顶顶重要的事。

凡是能脱离“被喜欢”这种低级趣味的人，

我都觉得是真真正正的自由人。

你们不喜欢我，我就会死吗？

自由的人

积累勇气

每个辗转反侧的失眠的夜里，

我都告诉自己，除死无大事。

我开始积累做决定的勇气。任何没能毁灭我的东西，

终将使我变得更强。

我再也不要一边抱怨生活，

一边被生活强奸。

没有谁可以预设未来，

也没有人可以为除了自己的别人下定义。

没有那么多黑白分明的答案，

我们往往被动地被时间的潮水裹挟着向前，

每个人都会作出选择，抑或根本没有选择。或深或浅，冷暖自知。

与他人无关，与对手无关。

棋逢对手，

和酒逢知己一样可贵。

冷暖自知

序言

拥抱焦虑的正确姿势

陈垦
著名出版人、浦睿文化创办人

读完她总的这些文字，如同看到一只美丽的小兽，热爱着丛林和草原，但也曾藏在密林深处舔过伤口，然后再次奔行于时光中。

这些年来，她似乎永不疲倦，也不退缩，追逐着她的事业，还令人惊异地越来越美，赢得越来越多的友情，确实像个奇迹。出色的女人都有相似之处，比如香奈儿，也从草根崛起，凭借天赋和卓绝的努力，成为女神。她总似乎也正走在这样的道路上。

正因为如此，她写下的每一句话，都是她亲身去证明过的，也是朋友们看得见的。我相信这些句子的诚意，它们带着一种明亮的光芒。

书和书是完全不一样的，它们之间的差异或许大过一本书和一个茶杯的差异。因为一本书和一个茶杯可能都是你所喜爱的，但你却绝不会去翻开某些书。有些书负责揭示外在万物，有些书负责建设沉默内心，而有些书什么都不负责，只是休闲杀时间。

所以，懂得选书非常重要。每个人一生里都应该会有几本书如同良朋知己，如同爱人，遇见了就是大幸运。

如果你是一位更年轻的女生，恰好也有她总一般的成长经历，你若遇见她总的这些文章，也就是幸运。

这本书反复提及女生的孤独部分，也反复描述女生需要提醒自己不放弃的部分。在我们这个时代，女生的焦虑集中在这两个关键词上：漂亮，聪明。女生就在这场自我的战争里不断冲突，不断成长。至于能否长成当年内心愿望的样子，她总说还得看运气和努力，运气不好把握，但自省和努力才是前提。

这种努力的人生累不累？或许更累，但其实更安全，因为你才是自己的主宰，而且你会对自己更满意，这就是幸福的主要源泉。

我们坐在咖啡馆的窗边，看着街道人来人往。社会充满了明显的或潜藏的焦虑，大家都在寻求爱。似乎人人都活在一个极度缺乏爱的社会里。

我当年对自己和世界都有很多疑惑，在广泛的阅读中受惠于卡伦·霍妮甚多。从某种意义上来讲，卡伦这位杰出的心理学家帮助我重建了全部的认知模式，无论是对自己还是对他人。关于爱，卡伦分析了太多。她敏锐地观察到：男人们在成长的过程中往往抱着这样一种信念：如果他们希望实现某种愿望，他们就必须在生活中取得成就。女人们则相信：通过爱，而且只有通过爱，她们才能获得幸福、安全和名望。

女性比男性更常用爱作为一种策略；而与此同时，她们对爱的主观信念，又有助于她们把这一要求合理化。

卡伦说："这些都是来自自卑感。"自卑感的价值在于：通过在自己心中贬低自己，借此使自己显得低人一等以限制自己的野心，于是与竞争心理相关的焦虑就可以得到缓和。

问题所在已经清楚了，我们需要先改变自己的内心。

从她总的文字里，可以看出她正是一个类似卡伦一样的优秀观察者。她用自己的敏锐从经历中揭穿各种焦虑，都无比接近真实。而她写下这么多文字，最终的意义就是想要打动你——一位恰好想要改变自己的读者，和她一起去奔跑，去接近自己的目标。

最终，愿一切努力都带来自我的满足与认同，我下面这首诗送给苏苏（我其实更想叫她苏苏，一如我们当年初次见面时的样子），来自我热爱的诗人米沃什：

礼物

如此幸福的一天。
雾一早就散了，我在花园里干活。
蜂鸟停在忍冬花上。
这世上没有一样东西我想占有。
我知道没有一个人值得我羡慕。
任何我曾遭受的不幸，我都已忘记。
想到故我今我同为一人并不使我难为情。
在我身上没有痛苦。
直起腰来，我望见蓝色的大海和帆影。

西川 译

写在开篇

被传统教育约束的好女孩的成长，总是带着不必要的蹉跎和隐伤。不敢主动，不会拒绝，不懂追求。

甚至，不敢做真实的自己。

一路走来，想想我自己的青春，由于懵懂无知，自我碰壁，几经蹉跎，最终走向成熟与和解已是三十而立。如果那时有一位成长教练，真实地告诉我她在成长过程中的血与泪，感悟与收获，我想我会受益匪浅。有些错过，不必发生。

励志的书往往只讲自己的成功，我愿意讲成功背后真实的心路历程。我相信，唯有真实最能动人，也唯有真实，尚能从生智慧。这是一本追随成长历程恍然大悟的随笔集，历经 5 年写成，有时是在飞机上，有时是在独自旅行的途中，有时是睡不着的寂夜。去掉人前的浮华，孤独舔舐，字字真心。

剥开真实隐秘的内在，有时血肉模糊，有时尴尬羞怯，极其需要勇气，愿能被你看见，成为陪伴。无关今天的我成功与否，这是一段一去不复返的青春。挣扎、奋斗、得到、失去、成就，终于坐在曾经不敢想象的人对面，一种“好女孩”独立奋斗的路径和样本，冒着新鲜的热气，它们刚刚发生。

送给你。告诉你，此时此刻，你并不孤独，我们都一样，软弱又勇敢，温柔且自强。

目录

part 1 我们曾漂泊，半是蜜糖半是伤

part 2

接纳自己，成为自己，相信自己

part 3

爱是拥抱不是较量，与他们和解

part 4

敢爱敢分，你可以不被伤害

part 5 有欲望、能得到，做自己的女神

part 1

我们曾漂泊，半是蜜糖半是伤

这些年，
独自在异乡奋斗

三年前的中秋，几个闺蜜聚在一起吃饭。各自说起来这些年，作为一枚女汉子在异乡的独处攻略。有人说，嘴馋时一个人也去吃火锅，谎报四人，锅子上了后佯装打电话通知来客，结果“朋友一一不靠谱”。然后向服务员抱歉，并心安理得占据不提供单人消费的一桌。

这些年，独自在异乡，谁不是在各种狗血中酣畅淋漓。

“之前我和几个姑娘会聊如何在北京街头打人。哈哈哈哈！”小熊一边吃晚饭一边银铃般爽朗地跟我们讲。

“话说有一次，我们排队在银行取钱，后面一个姑娘不耐烦地冲我们说：‘快点啊，外地逼！’回过头看到一个特土的北京妞，头发脏不拉叽藏在一顶帽子下面，粗糙橘皮的脸上抹了层厚厚的粉底，脚踩一双粗跟儿超市 style 的靴子，翻着俩斜眼看着我们。

“要平常，我们就忍了。多少北京妞（不代表全体）嘟嘟囔囔在各种地方，好像就是我们抢了她们的男人，堵了她们的公路，还雾霾了她们的蓝天。但是那天我们决定不忍，回头对她摆个手势，直视她。没想到她突然怒了，很怒，开始高分贝吐出一堆京骂，句句不离‘外地逼’后缀。

“于是，‘啪！’闺蜜的手扫到了她的脸上。妞涨红了脸扔掉手袋就要上前撕扯。但我加闺蜜，我们二比一完全可以应付。

“这时候，开始有旁人过来拉扯劝架。闺蜜还没爽，便灵机一动冲着人群说：‘都来看看，丫就是一小三儿，拆散了人家庭，大家说，该不该打？！’妞没想到会有这么一出，顿时傻了。紧接着是号啕大哭。我和闺蜜转至无人处便手拉手一路狂奔。

“爽！”

这些年，独自在北京，需要应对的狗血生活早已让人百炼成精。

小桥又贡献了几个秘诀。“比如遇到碰瓷，我有一招：某天傍晚，骑自行车去台里值夜班，一大爷顺势在我身边倒下，我去搀扶，根本扶不起来。眼看晚上直播时间就要到了，我灵机一动，顺势捂着肚子，哎哟哎哟惨叫——我的孩子，啊呀呀！流血了，流血……大爷快拨急救电话——果然，大爷站起身来逃走了。谁怕谁！”小桥说。

“当然还会有更危急的情况。比如，凌晨三点值完班，打车回家的路上，的哥师傅面露不善，频频出现轻浮言辞，疑似要耍流氓。我就摸出电话，装作男朋友在那头暖被窝：‘亲爱哒，我已经在路上啦，车牌号？你等着，这就告诉你，到小区门口等我哦。’司机便再不敢妄言，乖乖送我到家。

“但是如果一个人走夜路，最好不要打电话，跟踪的人会从电话信息判断你是否独自一人，以及接下来的状况。

“如果独居，不要随意透露地址，不要随意在社交媒体暴露行踪。接收快递，务必穿戴整齐。尽量在公司接收快递，不要独自在家领取。这年头，内心有病的人处处皆是，保不齐哪天……

“即使社交圈封闭，也不要很快和人成为朋友，更不要寂寞空虚冷就随便在哪个晚上和不够熟知的‘朋友’外出喝酒。控制不住一夜情也必须要让对方戴套，要知道艾滋病等各种性病比我们想象中多很多。”

这群日常生活中的女汉子原来内心早已如惊弓之鸟。有一个人保护，就不用自我保护。记得我刚工作的那几年，当时的男朋友总是各种提心吊胆，分手时说过最窝心的话是：“以后要自己保护好自己。”

后来的感情多是暧昧，谁也不曾想要对你实施保护。即使步入某种关系，被生活锻炼得虎虎生威的姑娘们也常常让人误认为不需要保护。

如果我们下班，又是寒夜，在路上绝望地打不到车，能够适时接送的男友真的会让人有托付终身的冲动。你知道吗，多硬的壳下面终究还是柔软和不安。尽管，我们也在穿越性别的软弱学习独立。大姨妈来了肚子疼死也不会推掉重要客户的会面，失恋失眠也要打起精神上班。

“我不能为你不顾一切地崩溃，除非这样子能将你挽回。”

而在这座莫大城市建筑一个自己的小窝，往往也是最艰难的挑战。每当房租涨幅和工资涨幅赛跑时，房东永远遥遥领先。有时候他们要卖房，或者是儿子要娶媳妇，都会临时将你扫地而出。也许上一秒你还十分“高大上”地化了妆在某高档餐厅和姐妹聊时尚，下一秒房东的毁约电话就可以让你“累觉不爱”，分分钟在这个城市如丧家之犬。

有时候，真想说，去他的独立！求无性包养算了！什么做最好的自己，等待真爱降临啊，看上去都像是种自欺欺人的手段。那些巧笑嫣然的“碧池”和“绿茶”不是活得更好吗？

可是，那只是一种想法，你和她们不一样。心中有坚守，所以变坚硬；爱自己甚于讨好他人，所以会清高。何况那是内心深处的真爱啊，人类最后的精神家园，怎能随意拿来堕落？

对，不要嘲笑真爱。如果没有当初的决定，也就没有了今天的飘零。

你，后悔了吗？

有人说，应该30岁前不要怕，30岁后不要悔。其实也许反过来也成立，刀山火海蹚下来，真的越来越不怕。至于是否要“悔”，全然看自己真真实实的内心。

是硬挺、是坚持、是妥协，还是逃离，其实怎样都可以，只要好好掂量掂量自己，再坚定走下去。认清现实和自己，去努力fighting。不要飘忽不定，不要心存幻想。爱情不会来，青春白流去。

最后变成与社会和谐共处，于己于人双赢有价值的自己。亲爱的姑娘，别忘了，要温柔，别忘了，要坚强。

桌上的这一捧硬糖

青春繁盛时期，大概是从20岁到28岁，每个姑娘都会遇上追求者络绎不绝，到底作何选择的问题。我得说，那的确是社会默认的女性婚恋佳期，这时的你，如果是一名文艺女青年，可能会追随“感觉”；如果是一名世俗女青年，会审视对方的物质基础；当然，也有人寻求并肩奋斗的暖男、潜力股……

不管作何选择，当时有没有人告诉你，先了解自己，再作决定。你因为什么而真正感到快乐和安全，又会因为什么而痛苦绝望，怎样的生活会让你甘心舍弃其他去获得？

想明白了自己，也就能作对决定。真正符合自己底层需求的决定，才会是英明正确的决定。

正值青春繁茂的时候，看着摊在桌上的一捧硬糖，我犹豫了。

有一粒沾满了盐，里面是芬芳的香橙味道。它一开始就在排斥我，用盐的方式，为另一个人预留一颗糖。

有一粒沾满了糖的糖，无辜散淡，却又是若即若离。

有一粒又酸又涩却很带劲，甚至还有苦涩的味道。人们常常想避开这颗糖，就好像酒之所以被依赖其实都不是因为好喝；烟也只是幻觉制造者，但抽的人却往往不少。这是善于调情，从不安定的浪子。

还有一粒是毒药。魔鬼中的天使，又硬又悲伤。致命吸引，致命伤害。

女孩身边，往往都有这些“糖”。和你一样，我也是。那么此刻的你，想要选择哪一颗糖？

我不知道为何没有留住他，也许是因为“好女孩”的无用自尊。“如果这就是爱，再转身就应该勇敢留下来，就算受伤，就算流泪，也是生命中温柔灌溉。”午夜听歌总是悔恨。

有时太过坚强，独自应付生活的高低起落，总想不起来要去吃颗糖缓解下心情。就这样一日挨过一日，将自己熬得所向披靡、光彩照人，而心里的脆弱与硬伤，那颗糖也不再知道。

他以为你现在终于很好，就自动走开了。

信任就如同一个一岁小孩的感觉，当你将她扔向天空的时候，她会笑，因为她知道你会接住她。但最终我们都很难彼此信任，哪怕是面对一份本可以彼此全然托付的真爱。

他以为你要的是别人，你以为你不说只是因为他都懂。

他懂了太多，唯独不懂自信。如果你是一名看上去光鲜优秀的姑娘，你身边一定会有这样转身走掉的男孩。

这样想不禁悲观，像凡·高一样悲观。我们如此炙烈地爱着这个世界，内心的渴望灼烤着大地，滋长最明艳的色彩，每一次都怀着随时准备付之一炬的真诚，可世界终归是不属于我们。充满了暧昧、灰色，冰冷的欺骗，人人自卫，草木皆兵。越是热爱这个世界的凡·高，越倾向于把武器对准自己。懦弱得一塌糊涂。

这真的是你想要的吗？

如果不是，我们就不要做向死而生的文艺青年，养成理智、豁达、清醒。捉一捉抹了盐的糖，他要留给别人，你拿来强吻一口好了，然后微笑着放他走。

那颗沾满了糖的糖，你终究还是不忍心下手。尊重他的信仰，安抚他的理想，放进岁月的礼盒，护他安好。完美无缺，是因为从未破坏，从未得到。

谁是那颗糖？你又曾做过谁的糖？

年轮将每个人做成包裹，递往不知所终的四面八方。想要避过的终避不过，未经成长的停留原地，自我欺骗的手段倒是日益精准，不过自我识破的能力也在逐渐增强。

“咱们都是尖锐而美好的孩子，但请一定相信会遇到包容咱们、让咱们自由任性的大海。”最好的哥们儿的婚礼上，他对我说。我只是笑了笑，也许吧，只要不被岁月磨平，最终会成为岁月的顽石，遇见懂得欣赏的玩家。得之我幸，不得我命。

只是，在遇见那个人之前，你也逐渐被岁月打磨得光滑圆润。贪恋的岁月，被无情偿还。骄纵的心性，逐渐烟消云散。不断得到和失去，不断谅解与漠然。从小心吃糖，到识破世间从无来自他人的绝对“安全”。从举轻若重，到举重若轻。

不一定要纯甜的糖，全是安全和幸福，那是童年时期不切实际的幻想。珍视内心每一份真实的触动，把当下的生活挥霍得淋漓尽致，就像是一个爱喝酒的人。

如果正好有精力，有时间，“毒药”也可以吃一吃，爱一爱。爱无评判，对错，是一种珍贵的人生体验，让我们悸动、跳跃和存在。如果没精力，没时间，就去爱个呵护关照你的暖男。无公害绿色暖男少些不确定性，但也许没那么有趣。

像男人一样，选好抽屉，对情感进行分类，预设结果，自行承担。只要不骗钱，不骗睡，情爱里无渣男。

我有天拿起了颗又酸又涩的糖，浓烈的苦味中吃出了不屈与执着，吃出了温柔的爱意，莫名的慈悲，如坠云端。但我很快就放下了。太多狗血剧情适合写剧本，生活还是要从容顺畅一些。那颗毒药，一直停在那里，还有好多正能量事情要做的我，绕道走开了。

生活里大致就是这些糖，你选择在什么时候，吃哪颗糖，都是自己的决定。市井的算计，世俗的幸福，有人依赖、被人豢养，你受得住，很好，祝你幸福。

用所有努力换取一份纯粹的爱情，活得独立艰辛，你受得起，能够担当，也祝你幸福。

这颗糖吃错了，换颗糖，也成，永远不怕岁月迟。青春自由爱。像个爱喝酒的人，喝醉了太阳照常升起。酒醒了就是下一场人生。

北京酒吧故事

曾经是个泡酒吧的北漂文艺女青年，一直想要写写我和那些酒吧的故事。

从哪年开始泡吧，何时第一次进入酒吧，我真记不得了。早年印象里有一次，是和几个记者朋友去北京鼓楼大街胡同里的一个酒吧，要拐好几重胡同进去，不是朋友间互相带着，还真找不见，进不去。我们点了长岛冰茶，围着一张台球桌打球，偶尔说说笑笑。具体和谁，我只记得起来一个人的面庞，其他都忘记了。应该是七八年以前。

30 岁那年，我离开媒体行业到互联网公司工作，进入北京东三环。开始真正脱离过去清心寡欲的乖乖女人设，频频社交并和朋友一起泡酒吧。

那时我有几个海龟朋友是所有人的连接者，他们组织各种聚会，尽管工作更加繁忙，但只要没事，我都会出现在现场。然后开始有了自己的小圈子，三三两两。下班，可能是晚上10点，互相一约，就出现在北京电视台旁边，朗园里的某个小酒吧。这里人很少，像是个私人会所，我们可以安静聊聊，吐槽自己的工作，分享彼此的恋情，抑或暧昧。

吧台是我喜欢的位置，可以看调酒师变魔术一般地调酒。那个调酒师真的不错，我特别喜欢他调制的一款“深喉诱惑”，名字有些淫荡，味道却实在小清新。鲜榨的青苹果汁，兑上伏特加和伯爵茶，再用樱桃果酱上色，有点艳红的一杯。不甜、不淡、味道清新又浓烈，符合我的调性。

一般喝完一杯，再续上一杯，我们的话题就聊得够缥缈深入了。我可能算是个不错的聊天对象，男生聊工作，聊女人，从来都是恭恭敬敬，从未借酒耍流氓，直到下一次还可以轻松约出来。然后看着他们辞职创业，融资，做大或者失败，换行业，做职业经理人，再遭遇不景气，再跳槽。喝过多少杯酒就交换过多少秘密，所以下次再启，都不用追本溯源。

也就是那几年，我像朵解语花，还爱听故事。

女朋友们更爱给我讲故事，讲隐私。那些寻常里见不得光的小私密，仿佛我全都能懂，全都接纳。当然，我也交换自己的秘密和故事。

和女生喝酒，我一般去云酷，北京最高的酒吧，位于国贸三期 80 层，精致又华丽，可以一览大北京的浮华夜色，看见长安街，看见爱恨情仇。甚至下午茶也要去云酷吧台上点一杯莫吉托。

我有一个女朋友叫 Echo，是个长腿大胸的投行女流氓，怎么说呢，武汉人，尤其精明，酷爱占“小便宜”“耍小流氓”。每次拉我出来泡吧，只要看见有帅哥，她就死盯着人家抛媚眼，一般帅哥也就主动端着酒杯走过来请我们喝酒了。

印象深刻的是她即将离开北京去香港工作的那晚，是个光棍节。她约我喝酒，要和我道别。我们叫了龙舌兰，那种一口柠檬，一口盐，端着杯子咣咣咣朝喉咙里倒的烈酒，10 分钟内，我们嬉笑着倒完了。哪里有什么离愁别绪，两个酣畅淋漓的女汉子只要聚在一起，就有聊不完的话题，特别开心，开心到忘记她马上要滚蛋了，开心到忘记她上周还在一次酒局上偷偷趴在我背后抹眼泪，因为某主持人男友，花心前男友。

10 分钟后，喝猛了的烈酒上头了。我们都开始天旋地转摇摇晃晃，Echo 说：“走，陪老娘上厕所！”我就站起来和她互相扶着摇摇晃晃去上厕所了。

云酷这点好，因为楼下是香格里拉酒店，周边是国贸CBD，所以来这里消费的客人一般素质还可以，不会出现一般酒吧里那种专门泡妞和耍流氓的男人，是个有着酒吧休闲文化的去处，所以我们常常去。

但每次都是我们主动耍流氓。

先是“女流氓”进洗手间时因为我一个没扶稳，摔了个大马趴，坐起身来就四下张望，还好是女卫，不耽误她出去撩汉子。

从厕所出去后，“女流氓”四顾一看，在云酷靠窗的某个角落里，有三个戴着眼镜的干净斯文男子，她嘴角一翘眉头一挑，我瞬间会意。

她进攻，我留守，负责看包看眼色。摇摇晃晃端着酒杯过去后，五句话内，“女流氓”发来眼神，提示我挪过去。于是，我挽着俩人的包，端着酒，过去了。

虽说平常文艺清高，但“女流氓”在酒吧的这种行径，我还是非常喜欢并配合的，毕竟，酒吧里的陌生男女，怎么看都是一出好戏。

对于热情主动送上门的两枚女生，在座的眼镜男们简直不要太开心，马上点了一瓶最贵的红酒，心领神会想要将我们喝倒。

虽然刚刚把自己灌晕了，我和“女流氓”的酒量却不容小觑，分别叫了一杯热茶，说说笑笑聊了会儿，我们就开始接手他们倒过来的红酒，前半段的龙舌兰也逐渐蒸发不见。

对面的男生一边讪笑，一边开始觉得尴尬。我和“女流氓”坐在 一起，不让他们坐我们旁边。这意味着，我们继续聊我们之间的话题，聊得不亦乐乎，对面的男生和红酒，只是陪衬。看来，“女流氓”并没有看上他们中的谁，她只是想调戏青春少男，觉得好玩。

酒过几巡，很快就要到凌晨一点了，“女流氓”突然想起来自己第二天的早班机，拉着我就要走。对面的男孩一看，这个机会不能再浪费，纷纷起身送我们回家。

我们没有拒绝。

到楼下，偷偷叫好的车已经在等着我们。我和“女流氓”对视一眼，迅速上车并关上了门，留下目瞪口呆、惊慌失措的男生们……

“哈哈哈，你知道，知道什么叫女流氓吗？那就是，老娘不管喝多少，你们也别想占半点便宜，哈哈哈……”摇下窗户，女流氓冲着那几位可怜的男生大声呼喊。然后，我们呼啸而去。再然后，她问司机要了呕吐袋，我们一起狂吐。

这是唯一一次，我们喝得最晕的，但还那么清醒。所以，哪有什么酒后乱性的事情，无非是酒壮尿人胆。

清醒的女人，烈酒也灌不醉，才是有些可悲。

我和闺蜜 Y 常常爱去朝阳剧院楼上一个日式酒吧，那里有全北京可能最全的威士忌。酒吧不大，老板是一个有追求的人，所以打理得十分精心雅致，来这里的，往往也是和我们一样，爱威士忌并享受片刻放松的职场人。

我记得 Y 和我酒过三巡，大冬天，我们披上外套去半露天走廊上抽烟。那叫一股清冽的爽。什么男人啊，恨与爱啊，全都不重要了，就是两个女人之间彼此喜欢，享受在一起的这一个夜晚。

我还真是认真想过，如果哪一天出柜，一定是和 Y。爱她精致的面庞，性感的身体，豪爽的个性，高知且有趣的思想。也就在那个回廊上，她看着我，一字一顿跟我说："她总，我是你的粉丝，我喜欢看你写的文章。你应该是一个出作品的人，而不是出产品。"她觉得我不应该去做 APP，应该写字。

今天看来，最后可能的确也如此。

如今，"女流氓"远嫁香港，刚生了二胎，我们偶尔视频，她问我要裸体照片。"妈的，老二是剖腹产，老娘的肌肉神经给切断了，现在鼓得跟个球一样，你发点你的性感美照刺激下我。你以后一定要自己生，千万别切！"

无语。

Y这个月也马上要做妈妈了。昨天，是我在她生产前最后一次见她，肚子圆得像个球，身材还是紧致的，脸也是少女脸。

她们都各种同步感受，仿佛明天我就要怀孕借鉴一样。

北京的酒吧，常常因为几个一只手都可以数得过来的朋友带上了记忆的色彩。后来，这些朋友，包括自己，有了新的情绪、事情和分心，不再频繁相聚，那些泡过的酒吧，喝过的酒，也就是逐渐变得和自己不那么相关了。

朝阳剧场上那个酒吧，前年年底搬走了。直到它搬走时，我才知道，原来我微信朋友圈里有那么多朋友，都是那个酒吧的忠粉。

那为何，我几乎每周都去那个酒吧，但我们一次也没有遇见过。

有的故人，再也没有遇见过。

人活在这个世界上，重要的是有个能说话的人。可以有共同爱好的去处，彼此说说话，不管能不能听懂，总是有人愿意说，对方愿意听，也是一件顶顶重要的事。

我们爱北京，这里有灵魂，彼此照见、映出、默许。

十年之后，你变了什么？

“我做了那么多改变，只是为了你心中不变，默默地深爱着你，无论相见不相见。多希望，你看见。”

《我变了 我没变》——天秤座的人都喜欢杨宗纬这歌。

世事兜兜转转。某天，在北京难得疏朗的车流中，身边的朋友突然问我：“这十年，北京有什么变化？你有什么变化？”

“北京没什么变化。我也，没什么变化。”我回答说。

我觉得他不信。一名独自在北京打拼十余载的四川姑娘，早已变得职业温和，神秘莫测。一定是有变化的。口红越用越重，香水如影随行。那个素面朝天的文艺女青年，成为都会

“女神”。

肯定是有变化的。那个下班后给自己做三菜一汤，常常宴请宾客的四川姑娘，如今很少待在家里。那时她一个人的时候看书写字，喝茶种花，对人生充满了倔强与期待，认真努力。如今，她只为喜欢的人下厨，认真生活是为了调整身心。

她不再花很多时间沉沦于一段不恰当的关系，因为看得清醒，却也少了一些天真。

她不再为柴米油盐计较，可以任意买单自己想要的东西，买了又束之高阁，却也心生欢喜。她做定制旗袍，拥有比 10 年前更凹凸有致的身材，却不想随便给人惊喜。

她可以取其精华弃其糟粕地爱上一个人，自己为一段感情买单。知道一个人会有多好，有多坏，有多灰。不会那么较真，也会失去一些深爱。她开始觉得过程比结果重要，持有不一定是最好归宿。

对感情的目的性变弱，对现实的目的性变强。她开始无比吝啬自己的时间，不随便和智商、性情不匹配的人做朋友，开始预设哪些朋友可以在一起形成“利益”。

情商被认为很高，因为开始懂得控制和接纳失控。可以做一个提供舒适愉悦的闺蜜、朋友和情人，不再棱角分明肝火旺盛。

她变了吗？她变了呢。

曾经无辣不欢，如今健康清淡。可是你知道，我依旧喜欢性情又聪明的男生，对光明磊落爱憎分明有所偏爱。如果偶尔下厨，十年前的酸辣土豆丝就还是那个不变的味道。

如果你在身边，我还是可以清俭安静，足不出户。会在冬日的室内养许多盆水仙花，感受它们在阳光下清幽绽放。

我依然还会躺在你肚子上看书，想象未来简单温馨的家，家里不能没有你。

我还是会抛弃一切情绪稳定，超过半天联系不上你，就紧张得想要报警。你稍有身体不适就担心你得了疑难杂症。会吃醋，会疑神疑鬼，会通过各种蛛丝马迹确认自己是否是你的唯一。

只是，不会再为爱情不顾一切。我爱你，我也爱自己。如果你在，我和我想要的一切，都在身边，都在这里，因为最终有你。如果要非此即彼，我选择做我自己。

是的，我终究还是变了。

我所知的，
这个世界的潜规则

某晚，邀请两个职场轻熟女朋友一起晚餐，在三里屯烟火南小街的街边越南餐厅 Muse。我们点了一份煎鸡、一份虾肉沙拉、一份牡蛎鸡蛋和三份越南河粉，不多不少好聊天。天色将暗，三人欢欣坐下。

然后听她们先后聊起自己的职场八卦。X 姑娘说，过去的职场表现太稚嫩，因为没有站好队，弄得自己接连被动好尴尬。她认为，今后更需要察言观色，抱好上司大腿，让一向勤劳认真的自己获得更多机会。

在职场中获得晋升，是这类奋斗姑娘在北京逐梦的重要指标。而人际关系，是中国历史上遗留至今的灰色地带，看多少青春貌美、巧言令色的姑娘貌似轻松地获得了自己想要的一切——金钱、社会地位，甚至男人。

于是另一个姑娘 M 点头。说起在她所处的传播领域，有多少女公关为了对接好客户与媒体方需求陪吃陪玩甚至陪睡。是的，现代都市中，“献身”并不是一件困难的事情，又有多少“女销售”理所当然地接受了这样的“潜规则”。她不愿与之为伍，所以辞职去了另外一个领域。

“不怕没有规则，就怕弄错了规则。”最终，这两个姑娘几乎是异口同声地说。

听完她们的三观，我心里倒吸一口凉气。那些愿意出卖自己获取成就的姑娘也许无可厚非，只要她们清楚自己在做什么，以及最终想要获得什么。这两个姑娘显然不是，她们挣扎于自我坚守和自我疏散的人生观中。

于是我开始反驳。作为一个需要成长的新人，你不配站队，只需埋头做事强健自身。如果职场需要靠站队才能生存，那么说明你还缺乏自己的核心竞争力。可她接连摇头，回顾自己曾经经历的可怕的职场旋涡。那么，亲爱的，是什么让你接连进入站队的工作模式中？

我更不屑于那些通过出卖肉体来做客户沟通的姑娘。如果你花了更多精力了解客户和媒体的需求，甚至花了更多精力用来练习如何让自己显得更有人格魅力，哪怕就是性吸引力，也并非要靠真睡才可以。所有人的内心都更愿意去欣赏、认可和帮助一个人，你为何不努力去激发人性的那一方面？但同样得到了姑娘们的反驳。

“她总，不是每个姑娘都有这样的基础条件。”她们说。

这，真的很难吗，还是你根本就不相信——走一条不取巧，坚持自我奋斗的路，最终会迎来更为光明的人生？

我深知，在社会价值观混乱的时代，一个奋斗于底层的年轻姑娘，不随波逐流，在完成独立的过程中，可能会经历的寂寞和阵痛。

你是否因为太爱加班让男友出离愤怒？我见过一个女孩因经常出差遭遇七年初恋男友劈腿的悲惨事件，再也无法挽回。

你是否不爱迎合某个圈子就被孤立，被传播谣言？我曾经常年如是。

你是否因为没有站队而不断被老板扔过来狗不理的活儿最终处处不讨好？我庆幸初出茅庐那几年当过那么多次救火队员，所以基本功扎实。

你是否因为坚持寻求靠谱有爱的伴侣被各种有色眼光视为

“剩女”？那么你自己是否也这么看？

如果以上情况你通通都有遇见过，这算是矫枉过正。以如此僵硬的姿态来进行所谓的坚持，难怪头破血流，也必然从此会怀疑自己的三观。

今天我想说的是，或曲意逢迎随波逐流，或以女斗士姿态清绝于世，都是绝对不明智的选择。我们要以柔韧的姿态去做自我坚持，不是咬紧牙关，也并非一定要与社会格格不入。

来看正向人生的那些侧面——

我见过朴实无华的她们，踏实努力圆融于世，生活一帆风顺云淡风轻。她是我身边的一名普通编辑，未必有惊世骇俗的想法，但是将事情交付于她，总是放心。她也总是丈夫最信任的妻子。当你给予这个世界安全感，必然也将被世界回报以安全感。

我见过聪慧并有梦想的她们，如何包容坚韧，专注又智慧地获取自己想要的一切。她们不是“碧池”，却拥有“碧池”敏捷的身心和为达目的‘不择手段”的果敢付出。不同的是，她们有责任敢担当，务实且侠骨柔情。我的闺蜜中不乏这样的精英女，她们精明强干又不失一颗赤子之心，不失天真，俗称“白骨精”。她们与这个世界相互吸引。

我也见过，曾经满脑子堕落荒唐的她们，在某一天起，穿上经典舒适的服装，成为一个温良母亲，笑容里都是满足。这叫作“成长”。

我亦见过温良稳重的富家女，如何在职场上低调努力，并学习如何做一位持家有道，烧得一手好菜的人妻。她不是绝美的，但她总是暖暖地笑着，遁入俗事又总有长进。“我的叛逆隐藏得很深，未来想要做一个时尚有个性的老太太，哈哈。”你觉得，看上去未经生活磨难的她就真的比你肤浅吗？她的“自我”暖意融融地融入了幸福生活当中。

等等，等等，不胜枚举。真的，我见过太多生活得如花绽放的女子，她们站在那里，就是一道明媚阳光。

20 岁的你，亭亭玉立，是人世间的娇柔点缀，可以十分傲娇，三观不正，被现实碰得头破血流在所不辞。而后你逐渐成熟，成长为更为丰沛美好的自己，开始懂得，痛苦和快乐都是生命的补给，不再以得失论胜负，你有能力付出多少，才说明你真正拥有多少——人生的底气。

我所见的这些拥有美妙人生的女子，她们无一不是朝着内心里的光亮在真真实实地付出，最终她们收获的，一点也不比那些在路途中投机取巧的人少，甚至要多很多。

这，就是我所知道的这个世界的潜规则：无论他人怎样，你所坚信的世界，最终都会实现。

我愿意看到这样的自己，也愿意看到这样的你。

有了自信、坦荡、谦逊和对这个世界的不断求知，我们才具备更多的人格魅力——性感这种事是自内而外才更好。而此前，你可以知道一个女人，除了需要拥有姣好的容貌，人格的魅力才更是经典保值，甚至更容易让你获得正向增值的人生财富。

事实证明，这一切我们都可以拥有，无论你是资质平庸、相貌平平，还是上帝的宠儿。捷径很少出现，没有人可以轻而易举获得美满人生，都需要为心朝向某个目标坚定努力，这中间有冒险，有坚持，有克制，但更需要忍耐。

不要奢望不劳而获，你就是你的船长。在成为自己的道路上，人间正道是沧桑。

北漂女青年，
你为什么要创业？

之前有很多人问过我这个问题。媒体问，同行问，路人甲乙问，男人问女人问，唯独父母亲人和至亲的朋友不问。他们知道，我是个我行我素的人。终有一天会自己做点事情。

因为常常会觉得周遭让人感觉眼前一亮的东西太少太少，就想自己做点来看看。讨厌无趣和没有想象力的东西，讨厌一切成人化的理性思维，从这个角度上看，我这个业创得太不冷静客观。

但你几乎很难看到像我这么人格分裂的人，有多无趣就会多讨厌无趣，有多冷静客观就有多讨厌冷静客观，不是双子星座却时时处处都一人分饰两角，除了人生中的重大决定或跟工作相关的决定，任何小事情都能让我游离纠结。

而创业这件事情，不管多苦多累，经受多少未曾预料的挫折，从未让我迟疑纠结。大概这就是宿命。

也许创业想法来自去世的外婆。曾几何时，我还是一个把新闻理想当命的中国好记者，在成都出差三过家门而不入，去机场的路上还在写稿，心想着再过两个月就是春节了，外婆啊，你身体那么好可以等到我。只是抬头看见机场路上的城郊，灯火渐渐明亮，夜色暗淡，内心突然有种不祥的预感，难道这次会错过？

很少有过对亲人的离愁别绪，这一次的离愁来得好突然。我一边安慰自己，竟也一边热泪盈眶，明明知道，这就是悔恨的泪水。

果然，不到一个月，外婆突然生病，突然离世。从北京赶回四川的飞机上，我感到绝望，因为我在机场路上赶的那篇稿子后来被撤掉了。

赶到外婆家时我看到了儿时抚摩我面庞的那双手正寂寞地放在棺木中。这双手，做过泡菜鲫鱼、梅菜扣肉、小笼包子、醪糟汤圆、酱油、咸菜；养活过黄毛丫头挑剔偏执的胃；牵我去上幼儿园；牵我去山上找治感冒的思茅草，香香甜甜我爱喝；牵我去看红眼小兔子；抹干我的眼泪，让我不要那么娇气。

可此刻她冰冷无依地躺在这里，身边是四面八方赶过来的父老乡邻，上百号人追忆她的独立干练，精明爽朗。村子里的小朋友来了，因为老祖祖（外婆活到快 100 岁，辈分已经无法更高）的院子里总有糖吃。外出打工的小年轻来了，因为这个阿婆在的时候就有故乡，她什么都爱问，什么都爱分享。并不完全成气候的儿女来了，子子孙孙来了。可她依然看上去十分孤单。也许这就是人生，只需要付出，并不要回报。

送葬的道路最漫长。百余号人走走磕磕，有一公里长。一个女人的一生，就这样平凡而又风光。此前，她历经艰难岁月，养育了近十个娃，晚年却很独立自好，一个人住，不打扰任何一个儿女的生活。家里有专门为我准备的毛巾被套，谁都不能用。我对这个世界的挑剔她从来都是默许的。

“你一个人去那么远的地方，不要让自己受难，你不像你妈那么泼辣，斯文得很。”有一年春节，家里人都在催我结婚，外婆什么都没说，我扶着她的手回家，她一字一句跟我说。我点点头。

我并不想说外婆是一个多么大公无私的人，她会自私，也懂得自爱。姨妈去世时，我妈哭得呼天抢地，外婆只在姨妈弥留之前的日子去看了看她，没出席葬礼。晚上八点，到点就睡觉，仿佛只是经历了一次银行挂失。后来表哥去世，侄子去世，我妈都各种不能出离，外婆没被骗多久就猜出了真相，只是依旧吃得香睡得着。除了我和我妈去探望她，她总是八点一到就去睡觉。

“走都走了，你哭啥子？”外婆很节制。大概她知道，过不了多久，她也会去那个世界，和他们在一起。

外婆的棺木被一寸寸的黄土掩没。我妈哭得不能自已。从此，她没有妈了，我这样想。我得扶着她，只是突然一阵头痛欲裂，我没有哭，也忍住了眩晕。我不知道晚上她一个人在这里会不会冷。下雨了她还是躺在这里。

我们是两类截然不同的女人，对日子的精打细算从长计议我没有，她对财务家政那么敏感清晰我却连账都不会记。我对人好起来傻头傻脑不会克制而她懂得“自爱自私”。我外强中干她坚韧独立。不过我们倒是都有些超脱和骨子里的野性。

外婆，我无法抵达却暗自佩服你。

也许从那一刻起，我就想为平凡而又伟大的中国女性做点什么。她们是生活的载体和容器，软弱又坚韧。我觉得我的狗屁新闻理想一点也没有意义，去太阳底下褒贬时事，不如散步在月光里聊知心事。

如果你从很多事情中都找不到存在的意义，创业几乎是唯一最好的归宿。创造点什么，世界的确也因你有那么一点小小的不同，或许这对于你的公司同事、你的产品用户来说，只是那么短短的一段时间。

当然这种存在感有时候过于强烈，强烈到你根本无暇顾及自己。你要忍受同伴的急功近利，人性的落井下石，朋友的分崩离析，背叛、欺骗、怀疑和迟疑，谁都不会疼惜你的心血和努力，因为，他们有自己的路要走。

不被理解是常有的事。

大家都乐见功成名就的你，转身不看你的狼狈。你要给所有人鼓励。责任都是你的责任，问题都是你的问题。孤独感每天都在撕咬你。

我想，每一个把创业当创业的人都要习惯这些事情，连抱怨都是没有必要的。那些离开你，甚至轻辱你的人，转身就可以忘记，因为明天就又可以遇见支持你，同情你，视你如知己的人。前一秒在哭，然后又突然放声大笑，有时候你根本不记得膝盖在什么时候被磕了一下，但它自己就长好了。

这就是我的创业感受。特别真实。也许未来会常常如此。

惯性朝前走，坚持就有意义，不管是暴毙在未知的路上，还是也无风雨也无晴的一场经历，都是那么有意义地挥霍人生。

和命运耳鬓厮磨

创业第一年，仿佛经历了生命的第一个春夏秋冬。

志得意满时，所有人都被你吸引，到哪里都是如坐春风。正能量是我的代名词。尤记得一个姑娘经朋友介绍来找我聊天，起身上厕所的间隙她竟买了单。被女生抢单的时候不多。“她总，我很喜欢你。” “嗯哪，我真的是一个特别幸运的人。”话从口出都把我自己惊到了。

遇到想要遇见的人，做着自己真心想做的事，一场豪赌开局全赢。人见人爱花见花开，有时坐在马桶上都会笑出声来，仿佛开挂了。传说中的新手的运气大概如斯。

如果人生就这样了，此前所有的波折至此照单全收，那此后纵有万劫不复也是一秒一秒地活在当下。

可命运就是这么诡异，往往会给了你一些又拿走你一些。春日晏晏后突遭倾盆大雨，爱情碰见顽疾，工作碰上硬伤，心有多诚伤就有多重，皆因自己性格里的单纯锋利暗箭伤人，或太过天真与人不设防。

有时候会不明白，为何人与人的沟通是这个世界上最不可掌控的事情。你可能满腔热忱结果只是对牛弹琴，结局就像是那个最先被杀掉的良将忠臣。也可能情商忽高忽低阴晴不定，丢了拐杖时甚至需要用双手爬行。

为什么还不能圆融安放，善假于物，“刚烈正直”也是“懦弱愚蠢”的代名词。在一种情绪里越跌越低，低到不想出离，做着自己都想嘲笑的自己。或许这就是我们必须要去适应的人世，所以也就笑纳了。

窃以为，不是每时每刻我们都需要活得像个圣斗士，全身上下各种真善美。有时根本不得自然安放自己，我就和朋友在三里屯的雾霾中穿行，在脏乱差的小摊前徘徊往复。“走吧，这儿的海鲜不新鲜。”“可我就是想吃。”

我们捧着热辣辣的干炒海鲜换了好几家酒吧，终于找到一个允许自由外带的。被预定排号来回追赶，我们换了好多座位。直到最后一个预定到来。我们谈男男，男女，谈情人、爱人和性关系，谈每个人身上的自欺欺人的壳，也谈了明星八卦和工作。

直男的确都有直男癌，换作蜜就容易沟通多了。如果能有这样轻松有趣又和双方感觉良好的灵肉合一，可真就是一份完美关系了。

然而两个世界里的人类沟通，是最无妄的事情。所以 gay 都和女人一样轻视直男，只不过女人会既轻视又依赖，自讨没趣。

所以怎样理解命运的水逆这件事，也许是上天在更早时候给了你一记忠告，又或许都是西天取经过程中的必经磨难。最沉重的打击足以让人变成哑巴，只剩沉默如谜的呼吸。不过这其实根本都还不够沉重，一切才刚刚开始，只是从前涉世未深。

但我依旧不悔。

从决定风雨兼程的那一刻起，我就成了一个执迷不悔的赌徒。赌不懈努力后心想事成，赌真心相待后义薄云天，失败了也根本没有关系。

也许要学会和命运耳鬓厮磨，又贱又顽固地追讨下去。不缄默，也不过分趾高气扬，所有的问题都会在某一天迎刃而解。这个我相信。

“有一天你放下了，也就圆融了。但这也就不是你了。不知道你的青春期会延续到哪一天。”从前有个人这么对我说。

那就且看且珍惜。没有绝对的对错，都是一场场自我背叛或坚持。你看，不是每个人都如你想象中那么一直幸运，就拿我举例，但我们依然可以抬头挺胸走下去。

三十过后，
我突然有了“闺蜜”

还记得很多年前我是没有闺蜜的，只有哥们儿和男朋友。那时候衬得一身窄小的牛仔裤，腿很直，屁股浑圆翘翘，白衬衣随便掖进腰里，路过吹口哨的男同事，就故意献上一个飞吻。嗯，那时候几乎所有的男同事，整整一个报社，都明里暗里向我表白过，有的甚至喝完酒就直接跳进了后海。青春的荷尔蒙那么旺盛。

于是我没有闺蜜，所有女领导都嫌弃我，穿花裙子上班那天稿子必不被通过。女同事组局从来不叫我。“花蝴蝶”，她们背地里这么叫我。“我不喜欢她。”有的还直接对男同事这么说。

没有闺蜜，我试图接近一些女孩儿，她们总是和我保持距离，只在被男人抛弃的时候来找我，或是实在没人请吃饭的节日来找我，因为我基本从来不让女孩子买单。

看到这里，你一定会认为那是因为我红颜貌美惹人妒忌。其实我哪里算得上什么美女，常年素面朝天乱穿一气，逛街更是少得可怜……只有在洗完头发的时候旁边人会说是个“米铝”。所以那么豪爽的我怎么会就没有闺蜜?

反思过后原因有三点：1. 异性缘太好。2. 异性缘太好。3. 内心世界太过封闭和女孩子缺乏共鸣。

前两个原因你们可以理解吗?摇头的请反思：有没有这样一种情况出现，那就是，每当你这段时间和男生相处比较多时，你身边的女孩子就少，能量气场就会变；而每当你和女孩子腻腻歪歪比较多时，男生就会从你周围消失。至少我是如此。

第三个原因——内心世界太过封闭是为重点。这样的情况下为何与男生相处没有问题?因为，再好的男人也根本不懂女人，所以你实际上根本不用和他们沟通内心，就可以吃吃喝喝玩玩闹闹，像好哥们儿一样相处下去。而如果你和女人不谈论什么成长、内心、八卦和幽怨云云，就根本没有办法做闺蜜。

你们不能一起装 ×、吐槽，同仇敌忾，因为年轻气盛，内心的慈悲和对他人的关照少都得可怜。所以风头无两的时候难有闺蜜。

想起张柏芝在《鲁豫访谈》里说的一句话：“你们知道吗？张柏芝是一个没有朋友的人，只有男朋友。”言语间她眼含热泪。千颂伊也基本没有闺蜜，有的只是假闺蜜，潜伏在身边时时只为撬走男神。

可我依然那么孤单，迷惘时不知道谁会为你打气，说与男人听多半不懂。我发自内心地渴望能有一个闺蜜，支持、包容、冷眼又不妒嫉——招之即来，挥之即去，且懂你。

也有姑娘为了显示自己做人不那么失败，成群结队扮演闺蜜，组团混局泡男人，或者共同排挤一个“女神”。她们往往当面相互恭维，转身就互相恶评，内心满满都是攀比。所以，不要忍不住告诉她你的小秘密，她就是那个第一时间对外通报的人。

就这样我很多年都没有闺蜜。直到 28 岁过后……体重胖了 20 斤，突然又狠狠失恋，开始认真思考自己的人生得失，变得沉稳淡定，逐渐有了闺蜜。

一开始她们只是出于同情，同时也感受到深深的安全感——不可能在她们男人面前把她们比下去。后来我逐渐敞开心扉，开始真正把内心的软弱忧伤与她们分享，就有了更加真诚的闺蜜。

直到我开始反哺，把我对男人的那套客观建议输送给女人，对她们忍耐、包容、鼓励，就开始有了越来越多的闺蜜。尽管有时候支持和鼓励是通过简单粗暴的谩骂来完成的。

究其原因，排序应该是：1. 我不再风头无两异性缘很好。2. 我不再风头无两异性缘很好。3. 我打开自己通过分享和共鸣为女同胞创造价值。

是啊，只因再好的男人也不懂女人，我们这些欲望都市里的女子，才会视彼此为生命。

嗯，三十过后，我突然有了“闺蜜”。

我的闺蜜是个“死女人”

某个周末夜里，我回到家，上网处理完邮件，打算卸妆洗漱早睡觉，不料接到了那个“死女人”的电话。

我拿起电话好像直接问的是：“干吗？”

她直接开始说话。这样的开场白让我的心顿时悬到了嗓子眼儿。最近各自奔忙，我们已经快三个月没有通过电话。

“妞妞，发生了一件诡异的事情，你知道我离开北京已经快两年了对吧？”

她是我过去两年多最要好的闺蜜之一，一起喝酒泡男人的那种。然后她开始说，她的前任，两年前的那个，某台某主持人，居然今晚打电话给她，忏悔了半个小时，说有多后悔。说想起她的茶杯，想起当时她发短信骂他。尽管他当时没回，后来也曾细细看过，总归是很后悔。“他好像有回头意。”她说。

“让他去死吧。”我说，“这不过是一个文艺男中年的午夜酒后自恋罢了，你现在回去，他依然会像当初一样……”

然后我问起她的近况。果不其然，她永远像个饿死鬼一样挣钱，充电，誓将“白骨精”进行到底。想要找靠谱男人又不愿付出精力和时间，回京后和我厮混的欲望大过见男友。是那种挣钱了可以给我花的女人，口头承诺多次要请我一起去国外旅行，还说要拿十万私房钱出来和我合伙做盒饭西施。

结果除了喝酒她买单，并且常常向她妈传达我俩之间的情谊，让我收获了不少阿姨赠送的礼物外，她的承诺 90％都要落空，绝对比男人更不靠谱。

但是我原谅她。

有一种女人，天生性感妖艳，人见人爱车见车爆胎，但就是逃离不了饿死鬼的命运，总是张牙舞爪满天飞，自己为自己挣钱；挣钱了还不花，用来学习充电，投资理财，节省到会尽量蹭饭局，会去星巴克试吃免费糕点，被我评论为背着 LV 的屌丝级女神，外表再强悍也天生缺乏安全感。

只有在面对我的时候，她是才百依百顺，善解人意的，只有在酒后的 KTV，她才会倒在我肩上为那个冷漠冷酷的主持人前男友流眼泪。

眼泪是真的滚烫，滴得我心中一疼，让我抄起手机嘀嘀嗒嗒把那个浑蛋骂了一顿。结果只是有去无回。

不过从今天，也就是两年后的电话沟通来看，这短信是被阅过了。“你说他当时为什么要那样不闻不问？”她说。

“不闻不问是装 X，也是一种非正常行为。甭理他。”

死女人，你快快从饿死鬼变成软妹子，找个好人就嫁了吧。还差一分钟到十二点，她乌拉拉在那边浪笑。我说：“你快去听你的在线课堂吧，马上开始了。”

她说：“还有一分钟，我要把它用完。”

第三日清晨 4：30，我在邮箱中看到了静静躺在那里的一份 PPT，是头天我带另外一位来京的闺蜜海伦娜在做脸间隙吩咐给她的任务，让她帮我给最近要拿去宣讲的一份 PPT 做个美工。本来是发朋友圈的统一求助，然而凄凉的是，没有一个寻常明里暗里表示好感的男人跳出来接单，还是这个“死女人”在关键时候挺身而出了。

邮件正文里写道：你的 PPT 里还缺少商务实践和线下活动内容，你做了那么些出彩加分的事情，为何不写进去？

有胸有脑有担当。我想，找个靠谱的男朋友，所能做的也不过如此了。

铁血女汉子之间的感情，也是铁骨铮铮的柔情。常常想起她离京前的那个光棍节之夜，我俩分别推掉了各种靠谱不靠谱的约会，携手上了云酷，点了 12 杯抹盐龙舌兰，用“相谈甚欢”这个词来形容太过文雅，我们简直就是开心得无法无天，欲仙欲死。半个小时之内，十二杯烈酒咣咣下肚，她砰然倒在了去洗手间的路上。

我扶她起来，扶了回来。之后的故事前面已讲过，凌晨时分，“死女人”在国贸门口甩下一句：“知道什么叫女流氓吗？那就是老娘不管喝多少，你们也别想占半点便宜，哈哈哈……”然后带我跳上出租，扔下两个眼镜男在原地不知所措。

然后我去了她家住。第二天早上是一顿浓浓的排骨莲藕汤伺候。她是湖北人。

我的闺蜜，是我的 B 面

有一个傍晚，各种负面情绪爆棚，完全无法自处。我拨通了土豆的电话，说：“你在哪里？过来陪我一晚。”她说在北六环外看朋友的小孩。

我内心哦了一声，不忍心她跑那么远，建议找个中间地带碰头。“不用，你等着，我马上开车过来。”她说。一个小时后，她到楼下了，问：“家里还有东西吗？要不要给你买点上来？”

这就是永远充满了正能量，永远对这个世界付出最单纯的爱的土豆姑娘。

然后我们聊天，说到我内心深处最鼎盛的绝望。土豆说：

“亲爱的，你知道吗？我一直很羡慕你，你身上有我们都没有的智慧和勇敢。我的闺蜜在见过你一面后还专门打电话跟我兴奋地夸赞你。你会得到最好的。我相信一定会的。”

平常我都将单纯美好的土豆姑娘当作一枚“王婆卖瓜自卖自夸”的脑残粉。那天她特别认真地强调时，我就当真了。

说真的，土豆有的我都没有。传统世界里的稳定好工作，几套房一部车，从来未有居无定所的惨淡。没有忍受过一天北漂的辛酸，甚至没有遭遇过任何社会险恶。她就这样单纯、明媚，心怀美好憧憬地长成了现在这个样子。

80％的成分——

一个总是嚷嚷减肥又在深夜熬制红烧肉不忘拍照自嘲的大胸妹，真的是很大；一个对各种化妆品奢侈品都有研究的温良型白富美。而且，她总是知道可以在哪里用最实惠的价格买到；一个擅长做最简单高端又美味的营养饭菜的爱心淑女；一个会弹钢琴的高智商工科女。一个从来不把自己当女神的女神级有品丰盈大美女，还很幽默爱自嘲，有时又很古灵精怪。

土豆真的是有品。看到她的各种消费推荐，你会知道什么叫充满了人间烟火气息，而又丝毫不俗不端不装的品位。所以，看似最最亲民的土豆，却暗自蕴藏着最接地气的高贵。

用她自己的话说，土豆嘛，可入寻常百姓家，但也是精致料理中的美味点缀，完全看你怎样“使用”。不过，你有见过难吃的土豆吗？我从来没有。

她真的是传统有品大叔最最想要娶回家的类型。绝对的第一夫人气质。

而这些，都是我所不具备的，唯一可与她相媲美的是做饭。南方人气质，我擅长把简单的饭菜做复杂，细节控；北方人气质，她擅长把复杂的流程大刀阔斧简化，味道却诡异得精准极致。

所以土豆似乎永远是简单阳光的一种芬芳，80％的成分由善意、爱和温良构成。

20％的成分——

播撒爱心的土壤之二却一直鸡血夹杂狗血。过去多年如是。

土豆与我最大的不同在于，一段情感里，她永远是那个爱心无限，勇敢付出的人，敢爱敢恨。喜欢一个人，可以跋山涉水去找他，可以主动走上前去告诉他，从不感到卑微，心里充满了释放爱心和关怀的满足感。

而我却是那个特别骄傲，几乎从不主动的人。在土豆的世界里，她永远只追随自己的内心，哪怕释放完了被迎头冷水泼灭，她也能转身就走。她的放下，相对很快。其实，她才真的像个“纯爷们”是不是？

只不过，常常会出现来自男性世界对她的善意欺骗。经我判断，的确往往可以用“善意”来形容。

常常是这样的，对方表演完一个桥段，比如装受伤装可怜，装孤独被全世界遗弃，土豆就真信以为真了，开始释放爱，释放关怀，直到对方不忍心欺骗，原形毕露（这个可以解释为，太好的气场往往可以趋利避害）。这时候，土豆的理智来得却比谁都要快。

“她总，我就不妥协。我也不想浪费时间。老娘要找到那个人。”她说这话掷地有声，我深深地点了点头，真想摸摸她的头。

“朋友说，若得一世安稳，谁愿颠沛流离。我说，若得一人知心，我愿颠沛流离。”土豆语。

其实我多想用我所谓成熟的感情观拨一拨她，把她带到这个多元、失控、爱恨情愁都不简单的真实成人世界。但我又一定三观正确吗？是土豆太过单纯还是我太消极？

我不清楚。飞机上看到一段文字：最好的时光，是指一种不再回返的幸福之感。不是因为它美好无比使我们一再眷念，而是倒过来，正是因为它永恒失落了，只能用怀念来召唤，因此才成为最好的片段。

土豆你应该不会认同。你心里的好时光永远不在过去，只在未来。你的目标在终点。

而我就是此生此路。很长一段时间，我总觉得生命慎始，但得而不待，时不再来。生命无关途中境遇，幸福不在终点，同伴就是一种珍贵。

没有谁可以预设未来，也没有人可以为除了自己的别人下定义，没有那么多黑白分明的答案，我们往往被动地被时间的潮水裹挟着向前，每个人都会作出选择，抑或根本没有选择。或深或浅，冷暖自知。与他人无关，与对手无关。棋逢对手，和酒逢知己一样可贵，世事如此。

这段话你可能又嚷嚷说看不懂。我也自然无法用我的感受为你界定人生。这不科学。我只想说，你的“愿得一人知心”，那得是一个多么远大的理想啊。

那就，让我们分别去经历人生。至少，我会陪你一起春华秋实。作为一个互补性如此之强的闺蜜，我会尽力护你安好，护你天真。

part 2

接纳自己，成为自己，相信自己

我们都是一边光鲜，
一边残缺

如你一样，我是在一个缺乏爱商的家庭长大。记忆里不曾被父母爱抚，拥抱 。我的父母，表达爱的方式是严厉的苛求与压制。

很严重的是，我的父母是老师。从小到大，我的言行举止和生活方式，都在父母的严加管教之下，以致他们现在还在影响着我，每当我呈现出一种状态，都会下意识在心里看自己，这样做，妥当吗？

“你看上去好压抑哦。”这么多年以来，我常常被人这样评价。我知道，压抑的根源。

心里不是没有魔鬼和小怪兽，但我总是被各种“应该”与“不应该”所捆绑评判。要做一个真善美的好女子，这样才值得被爱，这样的观念像种子一样种在我心中，尽管我知道这是个根本不存在的魔障，但它挥之不去……

我喜欢那些敢爱敢恨、亦正亦邪的人，他们横冲直撞，酣畅淋漓。而我长时间被捆绑在乖乖女人设中寸步难行。尽管，我认为这是错的。

后来，我去找了心理医生。他告诉我，从现在开始，你可以做自己的父母，把那个不被放任的小女孩儿接管过来。在不伤害他人的前提下，她可以为所欲为。她可以不管旁人看法，做自己想做的事情，说自己想说的话；可以正视这个世界永远有不喜欢自己的人，无论你多完美，总会有人不爱你。

起初，我是纠结犹豫的，后来逐渐坦然、放开，直至从容。

这个世界就是这样的，只要你自尊自爱，那些轻视你的人就变得愈加不重要，而你怎么看自己，也往往决定了别人怎么看你。

未被父母无条件接纳过的孩子，接纳自己特别难，但也要作出努力。每当厌倦否定自己时，就先接纳自己可以不完美、不优秀，时时关注自身的特长和优势，将之视若珍宝，发挥好，撒出去。

你看，谁不是一边光鲜，一边残缺。即便是我，这样一个旁人眼里所谓的女性榜样，有事业追求，有平均分以上的身材容貌。即便是被诸多异性视为求之不得的“女神”，我依然觉得自己不够好，得不到爱，在一段感情里小心翼翼，患得患失。

特别羡慕那些自信满满的姑娘，欢快爽朗，爱自己，也能够去爱，她们无论自身条件如何，最终都更容易得到幸福。至少，这么多年我看到的世态就是：一个女孩儿不会因为长得美且优秀而得到更多幸福，倒是会因为自信、自爱，以及懂得爱他人而得到幸福。

那些从小被注入的残缺，不是无法弥补。正如我的心理医生所说的那样，从现在开始，做自己的父母，重新告诉那个未被爱过的小孩，无论怎样，你都值得被爱。

对于我而言，去追求完美、追求成功，曾经让我偏离寻常人的幸福生活，年逾三十，错过与被错过，误解与被误解之后，我才真正体会到何谓平常可贵。“直到看见平凡，才是唯一答案。”

不怕向公众敞开心扉，坦露自己的伤。将自己当普通人看待，有普通人该有的无奈、现实和妥协。承认自己并不独立，不，完全不需要独立，要很多很多的关心陪伴，要很多爱。所谓独立，只是一种可以随时失去也能重新获取的能力和勇气。

不怕与人发生冲突，不怕伤害他人，不怕被人误解，不怕被人冷落抛弃。

不再背负他人的感受生活，提供爱与关怀，不提供委屈担当。开始知道一切无常都是正常，遵循内心的感受去生活，完成上天赋予的使命，积极努力去争取想要的爱和幸福。

我发誓以上自己可以做到。

尽管略显笨拙，但不再害怕被人取笑。就是这样的，一点一滴，开始逐渐恢复从容与生气。

这就是我，以及我对自己的期盼。如果对你有启发，那么我很欣慰，愿为同行人。

情绪和真实，比裸露肉体更动人

《傲慢与偏见》里，女主角伊丽莎白·班纳特和姐姐珍·班纳特突破理智与误解，分别获得了两位富家公子的美满爱情。姐妹共 5 人，含母亲共 6 名女人，在傲慢直率的达西先生眼里，除了伊丽莎白·班纳特，其他人都在极力讨好他们这样的贵族，一心想嫁个有钱人。只有伊丽莎白·班纳特不矫饰，不做作，敢于顶撞权贵，发出自己内心真实的声音。她美丽、勇敢、真诚，击中了傲慢清高的达西先生的心。

我们常常在影视剧作品中发现白马王子和灰姑娘的故事，

现实生活却仿佛一再教育我们要懂得包装和修饰，仿佛真实的你有多么不堪。和你一样，我也是苦难深重、对自己不够接纳的人——对外界评价过于敏感，对自身倒影太过自恋，总是倾向于把自己最好的一面展示出来。因为创办“她生活”，要给中国女性做榜样，我这样安慰自己。

其实，我是不够自信勇敢。某天夜里，我的专栏写手祖乙跟我说，你也不是什么女神，只是一个普通的、有正常人需求的女孩子，为何非要对自己要求那么高呢？我总是在脆弱和纠结的时候找她倾诉，同时感到愧疚，认为自己的情绪不应该。

我的闺蜜五元告诉我，我每次不在乎旁人眼光的时候特别酷。“你一打扮就有一种用力过猛的感觉，反而素颜的样子特别好看。”真、纯、酷、幽默，是她对我的评价。每每被包装成“女神”面对观众，最先受不了的是她，那么爱本来的我的她。

她告诉我要勇敢显露自己的情绪，高兴了要笑，不高兴了要哭，生气了要发怒，任何时候都不违抗自己的内心。“就是不要压抑。”这就是一个人正常的样子，不会失去一丝一毫魅力，反而会为自己加分。我倒不在意是否为自己加分，只是在想，我怎么就那么爱压抑自己呢？

从小得到的关爱不够，总是怕得不到父母的爱，所以处处小心，我想这才是根源。活得孤傲疏离，让人欣赏但不疼爱。会哭的孩子有奶吃。孩子之所以可爱，是因为情绪和敏感，真实和真诚，每一分钟都自在表达。

我眼见那些活得酣畅淋漓，生机盎然的女人，往往不是中国女人。所以我创办的女性媒体“她生活”有这样一条价值观：有欲望、能得到，做自己的女神。欲望就是那个深埋心底的好东西，切肤之痛和切肤之亲。长期压抑欲望和欲求不满的人，脸上有一股颓丧气，身上有一股湿气，活得不绽放，就不会有好命运。

饱满的情绪和内心的细腻敏感，是上天赋予女人的天赋和魅力，一定有其道理。虽然大家都鼓吹雌雄同体的人有魅力，但这也建立在真正有“雌”，和真正有“雄”之上。人无我有，并将我有之处发挥到极致，就产生了他人眼里的“魅力”。

一次品牌宣传活动上，拍摄《花花公子》封面的知名摄影师彼得·林德伯格（Peter Lindbergh）选取了10位女星素颜出镜。他说，因为这些真实的面孔和情绪，每个女人都产生了让我向她求婚的冲动。

这些国际女星无论在舞台上如何耀眼，在彼得面前，她们都卸去了妆容，袒露本真，美得真实，不被操纵。她们平均年龄 44 岁，素颜的皮肤或松垮，或暗淡，但目光透出灵魂的自然之光。照片出来也不加任何处理，原片奉上。结果，这股真实的力量打动了作品前的每一个人。

彼得为这次活动的扉页写了一句话："真正的美是一种情感的表达，是对自我的认同，无论身形几何，都能怡然自得。"

写给 28 岁以下的好女孩

我是个擅长反省的人，思考给我力量。以下规则是 29 岁那年我写给身边朋友的箴言，后来被屡屡传播，不仅是女生，也有男生表示赞同。再拿出来分享，也许可以成为你的一种参照物。也许，都是错的。你的人生，我怎么管得了。

1. 切记，道德仅仅用来约束你自己，而非他人，否则太累，也容易失望。

2. 爱情是一种美好的感受。这个男人也许非常普通，但他懂得尊重你，知道如何让你开心。他内心丰富仁慈，会聪明地解决问题，避免你受到重伤。否则一切免谈。不要让自己进入受虐循环中，这会养成习惯。

3. 尽量减少暗恋一个人的时间。如果有把握，去接近他。如果没有，告诉他你的想法，然后转身。管他呢，让老天决定吧。

4. 如果可以，不要纠结于那个与你年龄相仿的男友是否足够体贴、浪漫、多金。记住，你并不是公主，他也不是王子。多告诉他你的想法，而不是暗示、猜忌，把他当作成长伙伴，最后即使分开，在他心里你也无可取代。对于那些纪念日和纪念品，看轻点，有什么比你们现在开心在一起更重要的事情呢？相信他，珍惜他，因为明天不可预测。

5. 少看无意义的爱情故事，减少无意义的幻想，男人，我们是想不明白的。你的情感体验，与任何人都不会相同。当然，如果你暂无爱情又十分渴望，就看韩剧抒情吧。

6. 好男人这种动物也许不存在，但我的确见过。所以至少你可以选择一个不那么坏的去爱。

7. 要允许自己在某种状况下释放、放纵。一切以你自己是否开心为底线。但理性在 80% 的时候都应该超越感性。

8. 记住，孤独并不可耻。不要伪装无时无刻的乐观、充实，也不要随便告诉别人你很寂寞。

9. 不要空虚，不要无规划攒钱，不要舍不得花钱。如果实在穷极无聊，想办法去赚钱，通过一切正常手段，哪怕去夜市摆地摊。

10. 想办法尽量减少沮丧。逛街、运动、吃喝、减肥、找个没去过的地方假装探险……总之，不要无端怀疑自己。

11. 沮丧时，如果你长发、脖子细，试着把头发绾起来梳个髻，再戴上耳环，这样会容易让自己有自信。如果你短发，就用一款你最喜欢的味道的洗发水洗头发，或者去涂一款美丽的指甲油。如果出门在外，那就给他，或者好朋友打个电话吧。

12. 不要成为情绪的俘虏，但也不要成为它的敌人。解决它、安抚它。

13. 要有自己的兴趣爱好。不要做个无趣味者，这比做坏女孩儿还可怕。

14. 疼爱你的闺蜜，她们不应该是你无聊时期的填补，追求爱情过程中的花环，以及攀比嫉妒的对象。认真对待她们，要仗义。当你想不明白的时候，她们比你要聪明。

15. 要有男性好友，质量尤其重要。不管他在旁人眼里是什么人，他有突出的优点可以弥补你的世界观。最重要的是，他真心把你当朋友而不是其他，对他倾诉是安全的，是那个可以在你不小心烂醉后把你送回家安顿好而不出事的人。你也要真心把他当朋友，要对他仗义。

16. 不要烂醉，如果不可避免，以一年一度频率为佳。

17. 多交朋友。尽量不养宠物，你养不好它。

18. 尽量减少虚荣心，这样会减少不必要的负累，也会得到更多尊重与垂青。

19. 有大的决定前，如搬家、辞职、分手、结婚，告诉几个聪明的朋友，然后去旅行或者换种方式看自己。经过一段缄默期，再作决定。

20. 合理膳食。不要熬夜。

21. 学会做饭。不为别的，这本身就很好玩，而且我预感，不久的将来会成为一种时尚呢。

22. 必要时虚伪一点，但不必要时，一定要真诚。只有真诚对待这个世界，最终你才划得来。要对自己真诚。

23. 少和无聊、空虚、居心叵测的熟年男子来往，单独吃饭尤其不要，无意义的倾诉和陪聊是对青春的浪费。这个你应该懂的。

24. 网络上的照片和发言，要谨慎。你不知道自己以后会成为谁，被谁遇见。

25. 尽量不要成为文学女青年，远离尘嚣自诩清高。阅读只是生命的调剂，尽信书不如无书。走出去看世界，哪怕穿得朴素一点。

26. 不妨穿得朴素一点，去接触这个社会的底层，会比较容易脚踏实地。但要有好衣服，哪怕是穿给自己看。

27. 工作没有爱情重要，该私奔私奔。但要有你自己的理想潜伏在心里，也许很微不足道，但可以冲破一切枷锁。

28. 和你的快乐幸福比起来，理想也没那么重要。它只是不那么容易让你迷失。

29. 妥协，永远是为了让自己更舒服。不能让自己舒服的妥协，不要做。

30. 做一个有童心的人、但要注意保护自己。

31. 随性一点，别装淑女，那不可爱。但也要学会忍受，自制。

32. 力所能及地优雅。如果不能，be yourself。

33. 爱自己、容纳自己，包括那些缺点。反观你的父母，可以从他们身上总结你的问题。但其实也没那么重要，有问题的人就不能好好活了吗？一切取决于你自己。

34. 偶尔想想你想成为怎样的人，然后多做少想。错了没关系。记住，不管怎样，现在的你输得起，除了身体。

35. 要包容，但一定是在你不难受、不别扭的时候。除此之外，请爱谁谁。

36. 不要怕变老，将终身美丽当作你的第三产业来做。

37. 要漫不经心，但不要毫无目的，至少你是希望开心的。

38. 你首先是个人，然后才是女人。所以一样需要负责任、坚强等品质。

39. 时间尚早，少走捷径，曲径通幽。

40. 想结婚就结婚，该结婚就结婚。不管你条件有多好，后面未必会有更好的选择等着你。

41. 相信爱情，积极争取，不要坐等而幻想。

42. 如果你单身，身边除了剩女朋友可以共鸣，要和温暖的已婚妇女交往，她们带着家庭的光辉，可以改变你的气场。但不要和太俗气，或者打心眼里看轻你、可怜你甚至防范你的已婚妇女交往，她们自卑。

43. 当然，还是要多读书，这会不那么寂寞。另外，运动吧，不仅可以强健身体，也可以强健神经。是真的。

44. 如果还是会寂寞，写点什么吧，哪怕是给多年后的自己看。文字是一种思考方式，能够表达是一种幸福。曹雪芹写《红楼梦》还只是用来“试遣愚忠”、调剂无聊呢，没准写着写着你就成安妮宝贝了。

如果你就想体会不靠谱人生用来搞创作以及迷恋痛苦成瘾，以上规则均不适用。以上规则同样不适用禀赋超群，对于功名利禄有着极强欲望的女孩。

最后，借用情感作家路金波的话，我认为他说得对：1. 随时照镜子，相信自己是美的。打扮。美是女人一生的权利；2. 读书：不为气质，只让自己不孤独；3. 工作：独立获得食物是尊严；4. 爱情：只遵从直觉，与生活或道德无关；5. 性：身体小于爱情，但大于其他虚荣；6. 婚姻：这是某种一般的生活方式；7. 孩子：喜悦，勇气，意义；8. 只信自己。

别的我也没想明白。

写给 28 岁以上的好女孩

1. 不管经历什么事，记得要爱自己。

2. 无条件地爱自己，接纳自己。不是因为自己的完美，连那些不完美也爱，优点爱，缺点也要爱。可以这样去爱别人，为何不能这样去爱自己？

3. 只有充分爱自己，才能自然流露真实的自己，勇敢而自信。

4. 只有勇敢而真实地做那个独一无二的自己，才会获得真挚的友情和爱情。

5. 情绪和真实，比裸露肉体更动人。高兴了要笑，伤心了要哭，生气了要发怒，孤独了要寻求拥抱。犯错了要允许自己改过。

6. 真实地流露情感，真诚地表达需要，不要怕不被接纳，任何发乎内心的行为，都是满足自身的需要。没有人能代替你去生老病死，没有人能左右你的人生体验，除非你自己压抑自己。

7. 人生是自己的体验。爱一个人，是爱给自己的。不要去计较回报，前提是体验要好。

8. 生命的请进请出是不能妥协的。妥协于爱，妥协于恐惧，都是对生命的不尊重。妥协只针对当下的感受和未来的记忆。

9. 时间是生命之外唯一珍贵的东西。你已经 28 岁了，每一天都是有生以来最青春的一天，每一天都要好好对待。

10. 变老不是最可怕的，可怕的是因为害怕变老去计划人生，不敢冒险，不愿改变。除了年龄增长，皱纹增长，智慧和阅历也要增长。上帝关上一扇门，我们不要无视他打开的另一扇窗。

11.28 岁以后的每一天都可以像 28 岁之前一样横冲直撞，把人生推倒重建。只是，你得开始认识自己了，了解自己的天赋和软弱，了解自己想要怎样的婚姻和爱情，人生的短期目标和长期愿景，每一天，都为着这些目标去努力。实现自己，成为自己，而不是其他任何人。时间宝贵，集中精力。

12. 有欲望，能得到，正视自己的内心。欲望是肉体和灵魂的刚需，大到得到一个人，小到吃一餐美食，买一个包包。

满足了欲望，欲望就不会撕扯冲撞你，快乐会发自内心。别天天通过灵修去获得安宁，先通过满足自己获得快乐。

13. 我知道你是一个好女孩儿。所以你的问题不是控制欲望，而是释放和满足。释放你的攻击性，拒绝做一个好人，这样才能爱憎分明。爱得好，恨得好，把自己做得好。

14. 包容有爱，但不软弱愚善。拒绝任何形式的被欺骗，善意的谎言除外。

15. 如果你是一个爱走心的人，就不要去学套路，是白玫瑰就不要去学做妖孽，四不像最可怕。但是可以研究心理学，学会如何去吸引一个人，胜过学习如何去扑倒一个人。

16. 生命大于爱情。爱自己胜过一切。不要殉情，千万不要。活着走下去，走出自己的气象万千和独有的生命力。

17. 有欲望，能得到，不怕失败。人生是一场实践课程，这里跌倒了，那里爬起来。只要去付出了，总会离得到更近。不断得到的过程，就是不断建立自信的过程。

18. 付出——得到——自信，几乎是人生最珍贵的财富。别人抢不走。也是对抗岁月消逝的最佳法宝。

19. 做自己的女神，要美、要健康、要有爱。做了自己的“女神”，才能真正成为世人眼中的“女神”。

20. 爱情就是碰运气，萝卜青菜各有所爱，和你好不好、美不美无关。你永远值得被爱，和你爱的人爱不爱你无关。

21. 爱自己没有原则和规范，只有四个建议：1. 早睡早起；2. 健身；3. 吃早餐；4. 戒烟（如果你抽烟）。

22. 或许没有时间或条件去美容院定期做护理，但你都过28 岁了，隔天做一次面膜总是需要的。

23. 知道怎样的食物可以让你又瘦又健康，相比较好吃的，我更愿意吃健康的。总有些食物健康又美味，比如江浙菜和粤菜。口腹之欲，周期性满足就好，不要每天追求。

24. 有些东西最好断舍离。1. 破旧的内衣；2. 肯德基麦当劳等高热量快餐；3. 对冰激凌和其他甜食的无限沉溺 ；4. 含糖的碳酸饮料；5. 不真诚不对等的爱情；6. 无效的社交；7. 三观不一致的亲密关系（好友、爱人、同事）。

25. 睡好、吃好，心情好（最重要），瘦不瘦得下来都没关系，5 年、10 年后以及更久远的你看上去会比同龄人年轻很多。如果你再肯运动健身，真的可以逆龄生长。

26. 可以失恋、可以失婚，可以大龄单身，不管失去什么，都要精心打造离你最近的优质亲密关系，比如同事、好友。

27. 总是选择和让自己舒服的人在一起，你的气场就会祥和，并且让别人舒服。如果让你舒服的人，还能让你成长，给你鼓励，这样的人，宁愿失去爱人也不要失去他们。

28. 去做一次心理诊疗。了解自己的内在小孩，修复她的伤痕，释放她的活力，与她很好相处。

29. 每年都要认真做一次全面的身体检查和妇科检查。

30. 和非夫妻关系的人做爱必须要求对方戴套，除非你想未婚受孕。向我保证，一生永不人流，不染性病，爱惜自己。

31. 摘下面具，保留天真，灵魂就不会老。让正向积极的思维模式贯穿你与世界相处的始终。

32. 爱错人了，走错路了，连续失眠了……及时止损。不要给他人两次以上以同样错误伤害你的机会。

33. 不要太懂事，先懂你自己。飞行出现故障，都是先给自己戴好氧气面罩，再救孩子和他人，事事如此。舍己为人的大爱建立在必要时对人类的拯救上，不需要拯救人类时，先拯救你自己。

34. 和人交往，勇敢说出你的诉求和规则。对方能满足就继续，不能满足就拜拜。饥渴吃不到美食，病急就会乱投医。转身机会哪里都有，贪恋和迷恋都会让人上瘾，爱却伟大得多。

35. 不要交往爱用套路的男人，他们不是蠢货就是渣男。

36. 如果对方出轨了……可以宽恕但不要隐忍。对于习惯性放纵的男人，要管理，要查看手机，要没收财产，像老师、像母亲……如果你还想和他在一起。离婚没那么可怕，我见过太多离婚后带着孩子活出精彩的母亲。独立、自强、自爱。

37. 不用去证明你值得被爱，证明的过程不可爱。你就是值得被爱，只是丘比特没看中他，给他射箭，丘比特帮你看重了更好的人，不要急。爱需要回应，无回应之地是绝境，别说你只求付出不要回报。

38. 去追求你想要追求的男人，用不用套路都可以。一边追求一边吸引。只要你是他真正喜欢的，让他了解你比方法重要。发现错了就及时掉头。

39. 给自己买一份商业保险，防止重大疾病。开始理财。

40. 不懈投资自己。整容算，上学算，健身算，努力工作算，旅行也算。想办法挣钱最算。

41. 如果不买房，买辆车吧。可以让你更自由。

42. 最后一条忠告：财富、健康和美貌，28 岁以后的每一天，都要致力于为这三个项目做投资。贴在床头别忘掉。

幸运女孩的人生原则

1. 人格魅力大于智商和情商，修炼自己的人格魅力，任何时候都是一劳永逸的人生成长。

2. 穿更性感得体的衣服，晚上睡觉前搭配好第二天要穿的衣服。你的衣服就是你的灵魂。相信我，穿得好的姑娘，更容易招桃花，拿高薪。

3. 尊敬他人，爱护自己，对于不懂得尊重你的人，避让和体谅，他们是自卑不认可自己的人。

4. 走肾走神的时代，做一个走心用心的人。这个时代不缺乏智商，缺“用心”，如果这件事情、这个人不想让你用心，不要去触碰。要把最有效的时间精力，用在最有效的物事人情上。

5. 保守你的心，一生的愿景由心发出。不值得爱的人，不爱你的人，就不要去爱了。留着快乐平静的心，去生活，去爱自己，终会遇见珍惜你的人。

6. 做一个对他人有价值的人，在让自己舒服的前提下，尽可能利好他人。广结善缘，说不定哪天，会有意想不到的收获回馈。这叫得道多助。

7. 没有人比你自己更了解自己，不接受他人评判，不怕被误解。不论别人怎么看我，我都是有光芒的。继续，淡定，做好你自己，懂你的人始终懂你，不懂的人解释千遍也不会懂。你永远无法改变他人看待世界的眼光。

8. 吸引真爱前，先做到对自我满意。人们往往会因为向往美好而爱上一个人，而不是因为同情可怜去救助一个人。

9. 更多爱自己，取悦自己，增强个人能量。人们远离弱者，亲近正能量，因为每个人原本都很“势利”，都希望“得到”大于“付出”。

10. 向一切无谓消耗自己能量的事物断舍离：不爱你的人、不健康的饮食及作息、不热衷不擅长的工作、难以取悦的人、不喜欢不看好你的人、工作中不配合你的人。

11. 成为一个情绪稳定，价值观稳定，信念坚定的人。能量守恒，一个稳定的人更容易得到稳稳的幸福的一生。

12. 相信你的感受和直觉，那是灵魂的语言。不相信他人只说不做的“言语”。

13. 穿让自己舒服的衣服，住让自己舒服的房间，用让自己舒服的床上用品，爱让自己舒服的人。你不舒服，对方也不会舒服。

14. 不必生活给别人看，每天问自己，这样的生活，自己究竟舒服不舒服。人活在内心的感受和体验当中，所谓人生如何，不过是心里的感受如何。财富、美貌、光环、地位，都不一定真的带来快乐幸福。

15. 如果可以，尽可能多思考，少说话。要说就说动听悦耳的话，有鼓励和帮助的话，有思考有建设的话。不经大脑的废话可以和相爱的人说，但说不了太多年也会厌烦。

16. 不必取悦他人，但要服务他人。有服务意识和服务精神。下属服务老板，老板服务员工，朋友、爱人之间互相服务，努力让对方更省心方便。有个性、有自我、有底线原则，又对他人有服务精神的人，美如神。

17. 不和烂人纠缠，如果自身柔弱，就退一步海阔天空。如果自身强大，可以除暴安良。

18. 相信人有三六九等，不同的人思维空间层次不同，越

“高级”的人越慷慨无私、利他，越向下的人越具备动物世界的原始侵略，自卑的人必狂妄或者玻璃心，势利的人必卑微怯懦。你是怎样的人，便会吸引怎样的人。

19. 丢掉幻想和天真，靠内在修炼，外在努力去一点点改善自己的人生。奇迹或许永远不会出现。想要结束单身，就提升自信、变美并且多去接触异性。想要幸福，就多去了解异性，多挑选，选择善良磊落的人。想要升职加薪，就从工作中的日常小技能，一点点去提升，做一个靠谱负责人的人。

20. 不要听那些教会你“坏女人”套路的情感课程，你是好姑娘，套路你学不会，走心是你身上最闪闪发光的优势。你要学会的，是展现自己魅力的方式，以及了解对方需求的相处技巧。

21. 设立准入门槛。无论别人怎么要求，我都是有权利拒绝的。无论别人怎么热情，我都可以不做他或她的朋友。有爱憎、有侧重，经营深度关系和广度关系，学会给社交关系分类，理性、区别对待。

22. 清醒、诚信、负责。

23. 找到与自己观点不同的最聪明的人，请教一些人生问题。

24. 知道自己在什么时候不能有明确意见，不急于对人对事下结论。

25. 享受痛苦，从痛苦中学习、找到、接受并学会如何应对你的弱点。

26. 不要担心别人的看法及自身形象，只需关心能不能实现你的目标。如追求你喜欢的男生，毛遂自荐做自己喜欢的工作，以及为了赚钱成为“女微商”。

27. 找一个你想要成为的人生榜样，遇见问题时切换到他或她的思维框架做处理。

28. 做一个慷慨的人。

29. 主动一点，再主动一点。大度一点，再大度一点。人生很多时候就是因为这一点有了巨大改变。一个优秀的女生如果能做到这两点，就可以呼风唤雨了。但要守住底线原则。

30. 多看对思维认知有进化作用的书，认知决定命运。少看家长里短、麻痹神经的鸡汤故事。必要时了解下宗教哲学，找到一条认知世界的成熟路径。

做文艺女青年，但不 PS 这个世界

文艺女青年这个定义伴随我多年，曾经我是逃避的。

“哼，那就是个文艺女青年嘛！” 这句话的背后，一面是，你矫情、爱幻想、不接地气；另一面是，你清高、小清新、不必被物质取悦。请注意，是不必，而非不能，一个被动，一个主动。

爱幻想不代表不理性，有梦想不代表不脚踏实地。我们这样的女青年，一边爱好文学和艺术，一边也思考商业和现实。

如果文艺女青年代表可以随心所欲，那么钱呢？如果代表可以敢爱敢恨，那么爱人呢？她们总还是需要财富和真爱，文艺女青年不是花痴，也并非给点阳光就能够自生长。

有一天，我和闺蜜天爱走在冬天的北京街头，天上一轮清冷圆月。她语重心长地跟我说："你啊，不要太执拗于做一个文艺女青年，独立得太彻底，如果有男人可以依靠，就别那么清高。"

说完我们相视大笑，彼此彼此。我们算是真正有理想主义情结的所谓"文艺女青年"。作为电影女导演，她在这条路上坚持了多年。美貌又有才，多少大叔想要帮助她啊。但她坚持离开了那个相恋 6 年的人。不爱了，没法再依靠。

是的，如果爱，我们不会假清高，也会全然依赖和托付。但是爱不是用来交换利益的，文艺女青年把爱情看得比自己还纯粹。所以你大概会知道，真正的文艺女青年，大致会是很辛苦，很接地气的，在遇到那个可以全然托付的人之前，她们生活的一分一毫，都要自己奋斗，了了分明。

爱可以用来依赖，但不应因不爱而"交换"。窃以为，这才是真正的文艺女青年。

有时候文艺女青年也会吃亏，某些渣男趁机而入，随便撩妹不花钱，反正你执着又清高，谁让你喜欢我呢？的确，文艺女青年会愿赌服输地爱渣男，飞蛾扑火再所不辞。但不爱的那一天，就一切都结束了。

不过，还是要奉劝广大文艺女青年，把灵敏和才思用在爱自己，及那个你真正欣赏崇敬的人身上。不爱你的你别爱，不是爱不爱得起，而是和有质量的人在一起，才有文艺女青年追求的“完美”的相爱。

不PS这个世界，就不会在情感和生活中被幻想牵制。不要让自己的小情绪主宰你的人生选择，那什么说走就走的旅行，你回来了还是自己。可以多元稳定的人才有可能率性，你若天天率性，人生已经极难有真正的可为，处处是飘忽不定的危险。也不要在幻想里把一个人无限拔高或放低，你们同样一日三餐，会窘迫会放屁。如果爱，直接一点没关系，暧昧并不等于唯美。

我看到那些文艺女青年，整日在朋友圈发布浓烈的思念情绪，齁得可以。他怎样了，他又怎样了，他又如何让你愁肠百结了，你确定是在和他谈恋爱而不是和你自己吗?

优良的“文艺”，从来不缺乏严谨和理性。我见过真正的艺术家，他们从来不属于这些所谓的“文艺青年”。不知道你有没有研究过古典文艺，里面都是极强的逻辑和规律。

文艺一点的女人可爱，有思想造诣和美学修养，知书达礼，但被文艺龙卷风团团困住的女人可怜，情绪跌宕，不知所云。我得使劲儿摇醒你，“文艺女青年”。

做真实的自己，从微信朋友圈开始

我有一个有趣持重的男性朋友，他跟我说，自己很少发朋友圈，因为不知道谁会看见，会怎么想。我觉得好有道理，于是点点头。最怕父母看见，他们会追着你的蛛丝马迹对你投以过度关注，让你苦不堪言。你怎么又熬夜了？你还学会喝酒了？你，你，穿那么暴露=吗？

和父母生活在一起常常让人感到难堪。比如，我身上的文身，我妈妈看到一次就要教育一次——快去洗掉，你这样看起来像个女流氓。呃，我为什么要管别人怎么看？所以我知道你们很多人的分组不可见朋友圈，首先分掉的是“不懂事”的父母吧？

然后害怕被老板同事看。谁愿意天天在朋友圈发工作啊？我是大姨妈了请假在家，但是并不妨碍心血来潮给自己烤个蛋糕吃吃。老板，作为老板，她总我有自知之明，肯定会被下属分组“不可见”。但我在招聘员工的时候真的会加上微信翻翻朋友圈，如果里面一点工作内容都没有，我会 pass 掉，毕竟你工作不仅仅是为了讨生活对吧？

让我想想还有什么人会容易进“分组”不可见。我觉得应该是亲戚和同学了吧？总是会有一票同学，小学同学、初中同学、高中同学、大学同学……关注我们的过去、现在和将来。但你们已经渐行渐远。

真的很尴尬。我们这些在大城市漂着的怪物，每一天都像在死去，每一天又都是在重生，面对赤裸裸的从前，会偶尔想要逃避。

至于前男友，他们从来不在我的“朋友圈”。分得一干二净。剩下就是和你一样的城市怪物以及远远近近的工作伙伴了。你选择对谁分组可见？

我的女闺蜜们往往都有分组可见的好友功能。每次看到她们发一条分组消息就会注明一下——此条分组，就觉得自己好荣幸。

我却几乎很难设置朋友圈分组，因为懒，也因为觉得这样有点不自由和鬼祟。不能自在做自己，是自己在委屈自己。

我也不喜欢利用朋友圈装神弄鬼的人，有时候很想删除某些特别爱发合影的“成功人士”。但是，看着看着也对他们产生了浓厚的兴趣，如果一个人能持续证明自己高大上，那他们真的骨子里有一股向上的精神。他们应该也知道此举会被人诟病，但他们毫不在乎，因为总是被人“看见”了，相比较被喜欢，他们认为，被认为“重要”和“有用”比较靠谱。

也有些姑娘事无巨细，各种牢骚都在朋友圈报备——失恋了、失眠了……起初我看得担心，觉得太过暴露，后来也喜欢上了她们的简单真实。凡是能脱离“被喜欢”这种低级趣味的人，我都觉得是真真正正的自由人。你们不喜欢我，我就会死吗？这样的人一般都很喜欢自己，并做到了真正的自信。

社交网络越来越接管我们的真实人生。也许，网络上的你远比面对面的你走心真实。如果推进到未来，线上社交取缔大部分线下社交，那些戴着各种眼镜看待你朋友圈消息的人，真的对你还很重要吗？

这个世界上不是只有“神秘感”这一种感觉才值得追捧，还有偶尔拨云见月的了了分明。如果你的朋友圈很素净，我就觉得这种人不是坏人也有难言之隐，好可怕。如果全部都是工作，把私生活对一般人隐藏不见，那你实在好无趣，谁愿意做你的广告接收器？

事无不可对人说，事也无不可对人不说，如此才对得起自己不憋屈的一生。不管后来有多功成名就，我喜欢那些在朋友圈依然如故的人。这表明，他们从来没有被他人的看法捆绑。一个真实自然的人，时时处处都能展现。

是的，变美真的很重要

某夜，一位粉丝给我留言，然后愤然取消了对我创办的女性公众号“她生活”的关注。“我关注她生活是想要从此获得女人该有的自信，而不是天天看你们发的以瘦为美，看了你们的文章只会让我更自卑，这样的闺蜜我不要也罢！”

对于她生活的粉丝，我常常以“闺蜜”自居，而她们也真的逐渐把我当闺蜜，有什么心事都愿意分享给我。对着她的“抱怨”，我陷入沉思。是啊，我究竟能告诉他人什么道理？

话语是误会的根源。我是要和你们一样浑浑噩噩，用无谓的鸡汤给你“自信”以换取认同，还是一棍子敲醒梦中人？

其实，很多年来我和你们一样，崇尚自然主义的内在美，也许是懒，也许是因为懦弱得不敢改变自己。不仅胖子可以很快乐，连小丑都有自己的人生呢，何必要为了别人的目光去妥协努力？的确，我也这样想过。

“长得美一定就是无脑吧，变瘦一定是倾向于泡个花样美男吧……”女权主义者告诉我们，活出真我很重要，不要为男性的审美做改变。就连妈妈也教育我们，不要打扮太漂亮，红颜招嫉啊！

于是我僵硬了很多年，用一种不敢面对真相的自傲自绝于世。可那又怎样呢？真的就会让自己满意了吗？回头翻旧照片，我还是愿意看见身材 fit，裙裾飘飘的自己。洒上香水涂上口红穿上高跟鞋出门，就会自信满满自我感觉良好。而那些年充满了各种违和感的青春啊，就这么变成了黑白记忆流逝而去。

所以，回过头来我真的在想，我们是不是不应该用一种偏见来更正另一种偏见？要么女权，要么直女癌，都是围绕着是否取悦男人做抵抗，为什么就不能珍惜上天给予的美好天赋，真正为自己而美？

女性意识并不可耻，天赋我权爱美丽，你可以胖但要健康匀称，可以瘦但不能没精打采，你可以和男性抗争求公平对待，但不能用一种强势来掩盖内心的空虚。你可以不慌不忙地从容美丽，同时再快乐地建筑内在，不要去做那个自己得不到幸福就向白雪公主下毒的老巫婆。

亲爱的，希望你依然拥有选择权，而不是沉浸在自我认可的小世界中丧失自己。

全智贤坚持每天早上 6 点跑步，经常去健身房还练出了肌肉腿，所以她会家庭事业双丰收。这些你真的不想要吗?

嘿，这件事情有一个戏剧性的结尾。这位粉丝在取消她生活关注后，第二天又自己加了回来，把自己的名字改成了“要减肥的小胖妞”。

加油，小胖妞!

从心所欲，
获得有挑战和结果的人生

有天，我的闺蜜豆丁告诉我，她又喜欢上了一位大叔，追了一段时间，对方就是不明确表态是否喜欢她，但似乎又很享受她的追求。怎么办？

“你表白了吗？”

“表白了。”

“他说什么？”

“说我是个好姑娘，但他是慢热型，要先和我做朋友。”

拜托！做朋友？这明显就是拿她当备胎啊。

但我这位闺蜜，决定不为人所左右，开始猛攻。她的方法就是，嘘寒问暖，做好便当，从北京北六环驱车赶到东五环，送便当。很快，对方被她的热情击碎，一把抱住她要亲亲。女追男，隔层纱。那种志在必得的勇猛姿势，放女生身上也十分性感。

当面临人生最想要的人或事时，是抛却被拒绝的伤害果断而勇敢地争取，还是姿态优美地婉转吸引？

如果有女儿，我希望她是前者——保持对自己浓厚温和的爱，不失仪态，不必歇斯底里，但关键时候，她能致命一击，获得自己想要的一切，稳准狠，即使得不到，也能轻松走开不纠结，转身寻求下一站幸福。她要有创造快乐的能力，但不炫耀，要美得漫不经心又自在天然。

她聪慧又阳光，能短暂地沉溺一下伤痛就努力阳光起来。她因为爱自己而吸引美好的一切。她付出关心和有节制的爱，她有心中的理想，熠熠生辉。她光芒万丈。

如果伤心难过了怎么办？可以哭泣祈求但不死缠烂打，可以愤怒破坏但不纠缠。她有真诚的坦诚而不自卑，不惧怕对方的拒绝和轻视。对命运里一切随心所欲的愿望主动出击，无论得失，虽败犹荣。

表达情感意味着什么？自信。

诚实地说，有时我们的确还会想念某人，只是不确定这种想念是幻觉还是吸引？对方种种行为其实已经被理智判了死刑，如果再刻意去放置心念，是否会是鸦片？

不是所有缠绵悱恻的记忆都要去追，尽管爱情是每个成年人的刚需，但独善其身，真的也清静安定。无论经历什么，祈求上帝给予我们平静和安详，让我们全心全意接纳并爱上自己，让所有想念变成心念起到作用，理智地为自己留一扇吸引的窗。

生命中一定有什么值得我们倾心热爱，爱情可以慢慢地来，不来也没有关系。好的坏的都经历，不要怕受伤。不错过，有故事，我以双手迎接命运，不沉溺幻境。

我总是这么觉得，人生的主线是生活本身，求生存，自我实现，伴随着财富的增加，阅历的丰富，然后才是有人爱，有所期待。只一心一意沉溺于爱，被渴望得到爱的情绪左右，总是会失去所爱。因为爱，爱的是那个丰富美好的实体，而不是情绪本身。所以，一切美好的情感最终都是锦上添花。不过，你得先织锦。

不是成为更好的自己，
是更好地成为自己

偶尔我会想起翻出《阿甘正传》再看一遍。一段时间需要粮食，我们就去寻找粮食；一段时间需要安静，我们就去寻找安静。不，安静是永远需要的——简单，纯真的安静。

提笔千言，落笔不如一点。生活中的傻阿甘没有那么幸运，被人欺负，他学会了奔跑；进了大学又打翻对手的渔船，最终成为富豪。他拥有那样一个明事理的母亲，还遇见了三两灵魂相交的好友，还有一个珍妮，傻傻等着他回来。

电影是用来励志的，安抚生活中有所缺失的心灵，但也说

出了一些可以启发人的真理。最打动我的是阿甘的奔跑。奔跑没有意义，奔跑是他的象征，当他受伤时、失落时、恐慌时、心碎时、不知道该做什么时……就像我们喝水、抽烟、做爱，有时候只是一种陪伴，应激反应。在奔跑中安静下来，成为自己。或者无为，就像是发呆，呼吸一样无为。这需要意义吗？这本身就是意义。

抛却智商，抛却情商，只是存活着，随遇而安。这种强大的柔性，在于不消耗，才会水滴石穿。如果非要有什么意义，爱，是阿甘一生所追求的唯一意义。爱母亲、爱朋友、爱儿子、爱珍妮。不是去恨，只是去爱。不问理由，只是去做。坚持、恒定，不自我纠结怀疑地去做。

有了这种若愚的简单，加上恒定的信念，人人都可以比现在的自己更好一点。不是成为更好的自己，是更好地成为自己。手中有剑，就去舞剑；心中有爱，就去爱。不一定非到五十岁才知天命，静下心来就会发现，上天赋予你的“天命”非常清晰简单。

放弃投机取巧，成为大巧若拙。像个傻阿甘，如果去爱，就只是去爱，不求结果。如果想做，就只是去做，不求成功。如果奔跑，就只是奔跑，跑着跑着，就有了拥趸，启发了世人。那支羽毛没有意义，人们望着它，就有了意义。人们需要意义，所以有了精神，有了领袖。

人们需要跟随。

阿甘用这种简单发挥了神的意志。不受干扰，只是宁静地悲伤过，当安妮离去，当母亲去世，他不曾控诉命运，长歌当哭，只是一直与神同在，和谐共处。

你一定还记得阿甘有一个失去双腿的朋友，丹。他酗酒，他轻生。可有一天，他跳下了大海，愉快地游向远方……他有了朋友、爱人、财富，他对阿甘说："我与神和解了。"

阿甘跑遍了美国的陆地和山川后又回归了。"我累了，我想回家。"他变成珍妮期待的那样——又高又壮又善良，过着单纯的日子。他的身边有老友丹，又有大猿猴苏，有音乐，有啤酒，有思念。他从平凡中来，经过波澜壮阔，复归于平凡。

丹早年写给他的信，冥冥之中已经预言了他的前程——"我完全不认为你是个白痴，或许依照测验的衡量标准或是一些愚人的判断，你属于某种类别，但是内里，阿甘，我见过在你心智中燃烧的好奇火花。顺流而行，我的朋友，让它为你所用，遇到逆流浅滩时奋力抗拒，千万别屈服，别放弃！"

被生活抽过的女人，最动人

某个深秋的夜里，我和约了三四年还没见上面的女朋友终于见面了。各自加完班，深夜十一点，她驱车从遥远的北京北六环来到我附近的东四环。如果不是她态度明确，我估计就要顺水推舟择日再见。见与不见这种事，总有一方要态度明确。

我们在一个小酒馆见面。她点了德国黑啤，我亦应和。几乎不喝啤酒的我，也会因人而异。没说上十句，她说：“我领证了。你是世界上第三个知道这件事情的人。我、他，和你。”

我深感荣幸。作为一个值得被倾诉信任的人，我有过多少这样的朋友，总是选择告诉我他们暗自窃喜且尚未公开的秘密，那些或深陷幽暗、与人性弱点正面纠葛的秘密。独立、奋斗、创业，从心选择自己的爱情，我们都是主动选择更难的人生道路而被生活抽过的女人。

但被生活抽过的女人，最动人。

她英姿飒爽，诚恳真实，勇敢通透，仿佛从不纠结。在我不知道的时光里，她清理过合伙人，清算过公司，考验过人性。一边清理合伙人，一边解散家庭，头夜捉奸 17 岁就在一起的老公，第二日清晨还要见投资人、开会。

“我就告诉自己，你一定能行，千万不能倒下，不能乱。”女心似铁。

只是仿佛玛丽苏偶像剧一样，一转身，她就遇到了爱情。一个温柔上进的男人，为她付出了一切，还求了婚。他们还是异地恋。

“这辈子干过最随心所欲的事情，就是偷了户口本领证。房子、车子、现实条件，一切都不重要了，只要两个人在一起渴望一生一世。”她说。低调再婚，甚至连她父母都还蒙在鼓里。

如果社会关系太复杂，索性就先不去处理。人生活过青春期，更觉岁月短。爱情被狗吃过，有人选择不再相信爱情；爱情被狗吃过，有人选择努力相信爱情。

人生万般难，皆因孤独生。但唯有相信，才能拥有，而灵魂之爱，几乎是破除孤独的唯一路径了。

被爱情抽过耳光后，她选择继续相信，更加彻底地相信。最终，她赌赢了。现在的先生为她放弃了一切，来到北京，两人重新携手创业，新公司半年实现盈利，成为风险投资商争相投资的对象。见到我时，我很为她捏一把汗，但那张明媚的笑脸，那种北京姑娘勇敢的飒气，深深地激励了我。

她说："我一直很相信，相信爱情，相信自己的双手可以去创造人生。我在想，命运究竟还是性格决定的，你恐惧什么，往往就迎来什么，你相信什么，往往才得到什么。"

这样越挫越勇的志气，果然是老天赏饭吃。她突然熠熠生光，成为我的榜样。还是要努力去爱。在遇见那个人对的人之前，我们都是折翼的天使，临寒独自飞。那是一道光，点燃你的人生，让什么都有了光亮。尽管，有的光是太阳，无私且永恒；有的光是月亮，只些微就点亮你黑夜的河床；有的光，只来过那么一下子，就撤退消失，你却要怀念一阵子，甚至一辈子。

但我们还是不能临寒独自飞。

我们从酒馆出来已是凌晨一点。7-11 买了牛奶、紫菜包饭，轧马路，边走边吃。两个"30+"的创业女青年，还怕什么呢？她说：“走，我送你回家。”而我们却又忍不住在车里接着聊了“200 块钱”。从凌晨 1:30，聊到快 5 点。聊各自做的事情，未遂的心愿。

眼前这个说自己一直相信着的女人，是一个男孩的妈妈。“30+”被劈腿，创业失败，离异带娃，转身遇见真爱，事业重新再起，是不是帅级了，像是偶像剧？

我们都是被生活抽过的女人，只是她的耳光大且集中，我的细碎且往往自身“英勇”得不自知。然而我们都会忘了那些耳光，迅速前行。好了伤疤忘了疼。然后继续扬起倔强的脸庞，等待迎接人生更大的挑战。有时候会被抽，有时候会被奖励，但总体而言，得到了更大的礼物。这就是传说中的欲戴王冠，必承其重。

你若想得到这世上最好的东西，先让世界看到最好的你。

part 3

爱是拥抱不是较量，与他们和解

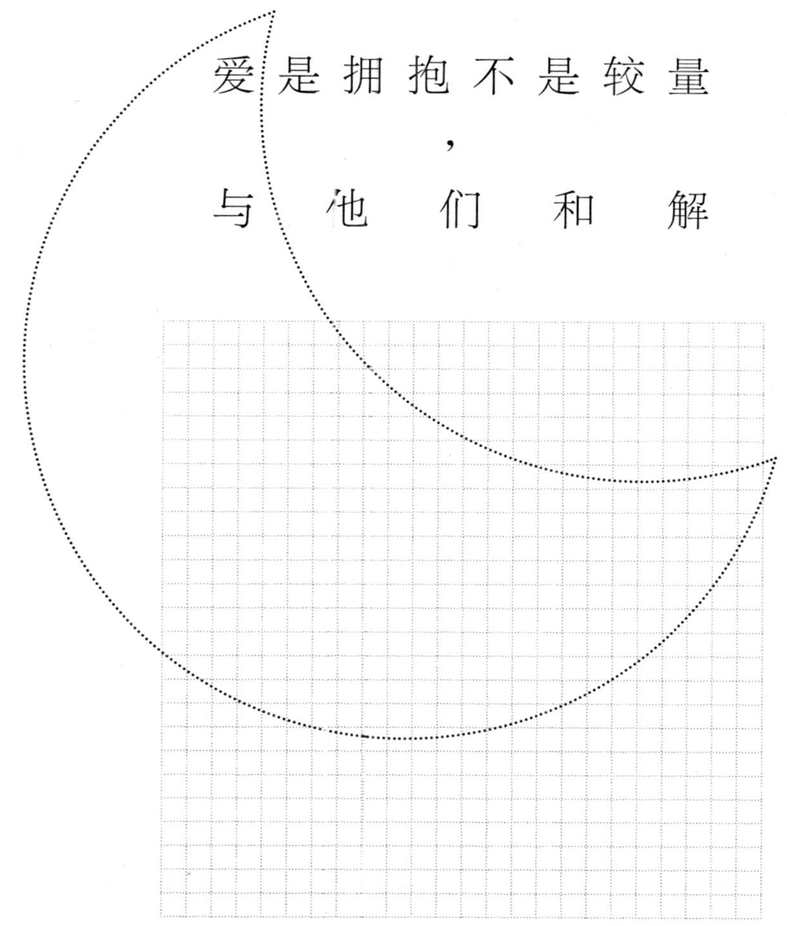

至亲至疏是爱人

我有一个女朋友，家庭和睦，丈夫始终是其忠实拥趸，她精明干练，豪情万丈，创业斗志昂扬，满满都是安全感。

我们一起上台演出，她丈夫老钱像个粉丝在台下手舞足蹈，事后还周到有加地总结我们的不足。老钱不是个普通小男人，智慧得如神仙，有钱。

就是这样的女朋友，告诉我一句话，让我沉思半天。她说：“你知道吗？至亲至疏是夫妻。”

此话出自唐朝女道士李治。“至近至远东西，至清至浅清溪，至高至远名月，至亲至疏夫妻。”（《八至》）

很多人解释为，最是亲近的爱人，反目成仇起来，堪比最冷酷的仇人——知道你所有的软肋铠甲，让你无处躲藏。我和这位女性好友的理解应该不是如此。我们爱一个人，就渴望亲密无间，无时无刻不想知道对方的吃喝拉撒，所思所想，睡着了都要牵着手。可对方毕竟不是自己的暖宝宝，需要游离，需要呼吸，需要有时候不那么爱你。爱得亲密，也要及时收手，不然就是刀光剑影，伤及无辜。

除非，是天造地设的一对璧人。璧人太少，我们自己和自己都未必相处得好。

爱情在暧昧阶段最是美好，彼此猜测、神秘，又不期回报。有距离，渴望靠近。真正相爱后，就矫情得一塌糊涂了，半个小时没回信息，就如背信弃义，半天没回信息，就紧张到失眠……他死了吗？他还爱我吗？

爱得没有神秘感，爱得犹如连体婴，就离争吵争端不远了。所以真正的聪明人爱得自我而神秘，让对方永远有得不到的饥渴，有一路探寻下去的好奇。至亲，是永远想要与你分享人生的波澜壮阔，至疏，是永远有一扇小门只属于我自己。你得尊重，你要敲门。

波伏娃和萨特的爱情，爱得迷离而卑微。作为一个美貌与才华并存的女作家，波伏娃一生都在向这个矮个子的斜眼男人寻求妥协，允许开放关系，只要灵魂相依。做妻子，做保姆，做助理。不知道有多少次对方新近爱上了一位艳丽女子，波伏娃都要彻夜难眠，以写作排解无处躲藏的嫉妒之心。她也试图以出轨寻求平衡，最终情非得已。

我们在一个房间，单独工作，然后下楼吃饭，牵手散步。我们各自满足对方，以嫉妒之心，以卑微之力，因为离不开你。

这样的刻意放养，是一种极致的疏远。而我的女朋友，她的夫妻之疏，我想是一种刻意经营，又是留给自己的独立间隙。

漫漫此生，要婚姻又要爱情，确为不易。

从独立女性看男女关系究竟是什么关系

男女关系是亘古不变的难题，似乎永远无解。但你有没有想过，和谐的男女关系应该是怎样一种关系？

作为独立女性，不会示弱撒娇很正常，作为男人，由于内心虚弱喜欢上擅长示弱撒娇的“绿茶”也很正常，总之都要是一场互相尊重势均力敌举案齐眉……一切迎合男女彼此需求的行为，或者缘于内心虚弱而扬起的保护欲，或者是各种为讨好男人而设的伪装。

不是极左，就是极右，某些遗风源远流长，我们妖魔化了男女双方的立场。

于是爱薛宝钗的少过爱林妹妹，娶薛宝钗的多于娶林妹妹。娶妻选的是合伙人，所以成熟男人不会轻易选一个只会撒娇的“小公举”回家，无论平庸或是成功，理想的妻应该是“上得厅堂、下得厨房、入得洞房”的，最主要的是，无论他平庸还是成功，你都要绝绝对对地忠贞温顺，千千万万不能给他戴绿帽子。

糟糠之妻不下堂，除了男人要展现自己有情有义，还在于他们深刻认识到糟糠时期建立的革命友谊不可复制。每个步入婚姻的人都知道人生有多不易，婚姻应是靠岸的温床，不能轻易换床。

黛玉妹妹善解人意，但太娇弱太作，不适合做搭档。宝钗姑娘精明恬淡，质朴空性，或许才是贾宝玉真正的人生导师，虽然这不是完美的解决方案。

谁说中国男人不喜欢独立女性我跟谁急。身世显赫的宋家三姐妹，没有一个不是独立女性。

宋家大姐，宋霭龄。她的父亲是孙中山中国同盟会的奠基人宋嘉树，两个妹妹先后当过第一夫人，两个小弟弟分别任职于中国建设银行与中央银行。她自己选择嫁给山西巨富孔祥熙，并且辅佐丈夫进军金融业，开始了孔家长达数十年的首富之路。与此同时，她悉心安排弟弟妹妹的婚姻与仕途，彻底打开宋家王朝的辉煌历史。是的，你可知道两位妹妹的旷世婚姻，都由这位大姐积极促成。

宋庆龄，青年时期带妹妹宋美龄一起留学，思想活跃，经常参加学校的活动。听到辛亥革命胜利的消息，她热情欢呼辛亥革命是“20 世纪最伟大的事件”。1913 年，宋庆龄大学毕业，投身于“求中国之自由平等”的民主革命斗争，归国途中经过日本，拜会了她早已崇敬的孙中山先生，随后担任了孙中山的秘书，并不顾家人反对，设法从上海重返日本，于 1915 年 10 月 25 日与孙中山在日本东京结婚。她是自己先生一生的助理，不知有多少成功的革命演讲，来自这位助理的理论根基。

宋美龄，不仅帮助蒋介石做国内的工作，还跑去美国助其申请军援和物资。蒋介石还在日记中夸赞宋美龄“以公忘私，诚挚精强，贤妻也”，这里的“诚挚精强”，都不是普通的独立女性可以企及的了，他说：“一个美龄可抵 20 个陆军师。”

中国历史上最受欢迎的独立女性林徽因，家喻户晓就不展开说细节了。她人格独立、事业独立，连情感都那么独立。所以徐志摩为之神魂颠倒，金岳霖为之终生不娶，梁思成为之甘之如饴，就连国外文坛泰斗泰戈尔也为她定制舞台喜剧，倾慕不已。

以上几位“独立女性”似乎也有些超越了“独立”二字的范畴，她们站在一个时代当中，或挥斥方遒，或舞文弄墨，都美丽又理性，强干又柔韧，不拘泥纠结，敢爱敢恨。

其实很不喜欢强调“独立女性”这个词。中国无论女性成家与否，都要积极工作，否则就没有粮食和房屋，但现在的社会恐怕更需要女人精神上的独立。只是这种精神上的独立，是属于女人本质的三观聪慧更是善解人意，且在必要的时候，促成灵魂上的互相滋养。这样的“独立”温暖有力，散发着独有的女性能量，而不是变成男人或推开男人。

这样的独立女性少，要么极左地“独”，要么极右地“弱”，所以男女关系究竟是什么关系？有没有亘古不变的逻辑？

女人示不示弱，都更需要帮助和保护，现代科技不管怎么发达，生产工具如何进化，女人还是要来大姨妈，机器还是不能代替生娃。身心的更柔软决定了我们是女人。女汉子不存在。而所谓的独立，不过是依据自身特长优势参与社会分工形成的某种自由选择权。在没有人爱的时候，可以活得不错，在有人爱的时候，可以活得更灿烂。

男人和女人的关系，我们的祖先是最懂的，就是哥哥和妹妹的关系。因为只有在中国语意里，情郎和兄长是同一个词汇，被呵护的女子和妹妹是同一个词汇。既是如此，无论你多强，多柔弱，哥哥的自然属性就是要提供保护和依靠；无论他多弱或是多呆，妹妹的自然属性就是要提供温情、体贴和支持。

唯有此，不管是大奸大恶还是刻薄虚荣，都能彼此好好相爱。人还是人，我们人定胜不过天。

要有过多少遗憾，才会有不吝赐贱的勇敢

写这篇文章之前，我第一次尝试主动去拥抱一个人。这里的拥抱，是一个代名词，可能是关怀，也可能是主动促进一段关系。那时，我稍微感知到这段关系有一种宿命预设过的痕迹。

向前走一点点，两个人自然就更快地走到了一起。当然，对方也许比我更早发出讯息，只是我不想浪费时间玩男女之间的狩猎游戏，套路都懂，却从来不爱在自己的真情面前玩套路，那让我觉得虚假无味。

于是，我会主动去想对方需要什么，怎样可以更加舒适。

聚聚散散多了，也就想对每一个闯入生命的人厚待礼遇。也许对方是知恩图报的，看懂了，也懂得珍惜回馈。也许对方是得寸进尺的，看透了，也就不用纠结了。

我的闺蜜海伦娜就是个勇敢的女子，她总是对我说，爱一个人，比被爱幸福多了。不管工作起来是多么风风火火，她也照样温柔起来像小猫，对男人如此，对闺蜜亦如此，侠骨柔情。

主动拥抱，也意味着心怀善念，不预设人性的贪婪和对方的阴暗。我们会碰到寒冰，也会看见虚伪，心里想着要承担更多责任，维系一段关系，也就接纳了一切，直到突然发现爱无可爱，失无所失，离开得也就比较淡定。

人生有多少“得不到”和“已失去”并非偶然。如果当初，我在别人的婚礼上，意识到此生之后的家里，希望共同起居的人就是你，我该拨出那个电话。

如果不是呆若木鸡面对那个张开双臂索求拥抱的人，不会明明有好感却还是要傲娇，结局会不会不一样。如果分手时，对方问“你是不是还舍不得”时肯主动拥抱，从此不会天各一方。如果你在后悔时，问我要不要接机，我不会置之不理，后来也不会缘尽则散。

近情情怯，每个人都很怯懦，会误会对方的迟疑、纠结和不知所措。如果你在离开前，肯给我一个主动的拥抱，我会说，那就不要走。

于是我们步步回头，却又不得不踉跄着朝前走。得到的、失去了；失去的，不能释怀。

所以这一次，以及以后的很多次，为了弥补那些不能挽回的失去，弥补自己的傲娇僵硬，我愿意伸出双手，主动拥抱一个人；或者伸出手，主动挽回一个人。

要有过多少遗憾，才会有不吝赐贱的勇敢。

谢谢彼时遇见你。

你爱的不是“渣男”，只是个小人物

某日中午，大家一起去吃午饭，电梯停在其中一楼的时候，一位女同事边说话边进来。她在“训斥”她的男朋友。我用“训斥”这一词，还是委婉的。她说得很大声，全然不顾电梯里的我们。挂下电话，她仍旧很气愤，转过头来对我们说：“这畜生，敢在外面玩女人，不要也罢。他当他爸是李嘉诚啊。”

打包午饭回来，我坐在办公室一个人吃饭。那位女同事也来了我们部。我透过玻璃窗看到她坐下，与大家一起吃饭。她的表情很丰富，很夸张，眉毛扬起，估计是在继续眉飞色舞地骂那个劈腿的渣男。

我知道她很生气，没有一个女人能够容忍自己的男人有其他女人。许多时候，我都同情女人。然而这一次，我却觉得，如果他们为此分手，是这个男人明智的选择。因为教养。

什么是一个女人在恋爱过程中该有的教养？

很多网络上的心灵鸡汤都在教女人“使坏”，以温柔之姿不择手段获得自己想要的一切。但经历而立之年，我的朴素理解是：当你决定去爱一个人，就意味着你要接受这个人的一切。不管是热恋，还是分手，之间的每一个环节，都需要温柔以待。我们可能都曾有过绵绵不绝的恋爱幻想，王子骑白马，或踏着五彩祥云来找你，但最终我们所遇到的，大部分都会是普通人。

不是“If you jump，I jump”才算爱情。这样的爱，虽可歌可泣，但毕竟没有发生在每个人身上。因为仅此一例，所以才被传为佳话。现实的爱，更多的是寂寞和无奈，还有连绵不断的麻烦。

年轻的时候，我曾有过一些还算优秀的恋人。然而，由于年少轻狂，我并不能好好对待他们，却期望他们能尽善尽美待我，能早日通过自己的努力发展成我梦想中的模样。出于对我由衷的爱，他们努力了效果却未必佳，最后一一转身离去。彼时，我也曾如大多数姑娘一样，对他们嗤之以鼻，转身向朋友描述，那不过是又一个“渣男”。

“他们”的种种劣迹，被我人为放大，让朋友纷纷赞同我们的分手决定。是啊，谁没爱过几个“渣男”。这话说起来容易，但是，我们是否也曾检讨过自己？

当有一天我看到，爱过的某个“渣男”，和别人在一起，结婚生子，幸福美满，我震惊了。

不仅如此，他竟然还是一个非常好的父亲，会在微博里给襁褓中的女儿写成长日记。“爸爸也只是个小人物，很多事情不明白，爸爸会向你学习做一个真实的人。等你会说话了，爸爸会告诉你，这个事情爸爸试过，很有趣耶。女儿，你要不要试试？”

这真的是当初我预判的那个控制欲极强的“渣男”吗？我甚至判断，他会把孩子锁在家里，粗暴对待……

“你让一只手承担了太多的负荷，他累了，所以离去。这个离开，不是你们双方愿意的，是缘分的断裂。”某一个冬日，在北京人来人往的车流中，坐在旁边的朋友从我絮絮叨叨的自我反省中说了这么一句。我突然痛哭流涕。

我想起了那些爱我的“渣男”们眼中曾有过的泪，或是在旅行途中的白桦林，或是某次醉酒后的失声恸哭，或者在某个寻常夜晚紧紧抱住我，说自己无能为力。

亲爱的，不要忽视一个年轻男人的眼泪。他们真的存在，却不轻易让人看见。年轻的妹妹，你也要记住，不管他将来如何，或是现在如何，你爱的人，都是个小人物，或者曾经是个小人物。

在公司，他有上司，有同事，有对手，他可能被责骂，可能被排斥，可能被怀疑。然而面对你，他是一个很完整的男人，暂时摆脱了“社会大众”的身份。他可以蜷缩在沙发上，他可以把脚跷在茶几上，他可以大声说话和唱歌……

你的所有教养，就是体现在对一个你所爱的、真实的小人物的理解和呵护上。甚至包括最后分手时的优雅转身，因为，今生你们也许再也不会相见。这样，你才会有可以被岁月打磨得越来越丰润的幸福。

我们都憧憬最好的关系

总有那么些苦情的关系让人爱恨交织，难以忍受又难以割舍。那么，能不能有一种关系，叫最好的关系？

我有一个闺蜜，MS 夏，拥有一段最好的夫妻关系。两人大学相识，然后相恋结婚，从此两地分居，丈夫在遥远的煤矿做贸易，属于有文化有品位的富二代“矿主”。近十年的聚少离多没有让他们疏远，反而成了一对甜蜜恩爱的网络夫妻和电话夫妻。丈夫的微信朋友圈，头像背景就是妻子，发的朋友圈也不时有秀恩爱和追捧妻子的内容。

“我老公脾气很大，有时候也会朝我发火，我都忍不住偷偷发笑，心想多大点事还生气！有时候他发现发错火了，就很心疼地向我道歉，问：‘你怎么就能忍受我向你发火呢？’哈哈哈，只有我能容忍他”。

大学毕业后 MS 夏做了五六年的全职富太太，就是每天睡到中午，起床化好妆吃个午餐就出门聚会玩耍的那种。不管父母旁人怎样跟她说两地分居不行，简直就是放任老公出轨，她始终相信两个人情比金坚。每晚，只要她老公打电话过来，不管多困，还是在外面玩什么，她都满含热情接起电话。

“老婆你在干吗？”

“我没干吗啊，躺在床上盯着天花板发呆呢！”

“你真的每次都在发呆吗？”我问。

“当然不是啊，我要让他觉得，我正好很方便接他电话，鼓励他常常打过来！”

不管后来自己创业有多忙，她都有意鼓励丈夫的每日电话，忙的时候也会不接，或者接得比较短，但只要和对方通电话，总是满满的热情和快乐。

这是一种经营。如果希望对方怎样，那么，对你所希望的对方的行为，一定要大加鼓励，这样自然也就更容易得到让自己舒服的相处方式了。而对方，也会从你的回馈中得到付出的满足。MS 夏似乎天生就有这种智慧。

她并不是唯唯诺诺地牺牲自己。几年后，她决定告别吃喝玩乐的富太太身份，开始创业，而且是做起了大多数人看不起的微商品牌创业。丈夫当然不允许，甚至打电话过来狂骂一通。好好的阔太太不做，居然做起了如此“接地气”的创业项目。

“他气急败坏地让我马上删掉朋友圈的微商信息，嘿嘿，我就屏蔽了他两个月的微信朋友圈查看。”MS 夏沾沾自喜地跟我说。两个月以后，丈夫回家看到了她的成果，一个从未参加过工作的人，居然组建了靠谱的团队，并出了自己的产品，开始盈利。

他大为赞叹。从此，只要 MS 夏取得任何一点成果，必收到老公的赞美，所有的节日，包括“光棍节”，都会收到老公的红包。

这样的专宠并不是从认识第一天就开始的。他俩大学时经同学介绍认识，见面时 MS 夏被帅气文艺的男生吸引，当场就动了心，不料又帅又会唱歌的富二代男同学却不留情面地跟介绍人说：“这个女生好丑啊！”剧情发展到这里，一般女生也就自尊心破碎，骂骂咧咧走开了。MS 夏很自信。“哼，他说我不美就不美啊？”长相颇美，追求者众多的 MS 夏当然具备迷之自信。

她主动加上男孩的QQ，主动问候男孩，找他聊天。男孩酷爱唱歌，常常用软件自己录歌，然后发给MS夏这个“歌迷”和粉丝。只要发过来，MS夏都听得如痴如醉，大加赞赏。一段感情到底哪里需要自尊？

就这样过了些时日的“歌迷”和“歌星”互动。某日，一位追求MS夏多年的男孩坐了一夜的火车来看望她，就在去火车站接这个男生的路上，MS夏收到了她心中白马王子的一条短信：“要不，我们试试在一起吧？”她心花怒放，马上安排宿舍姐妹去火车站接那个男孩，并让姐妹陪他在南京玩了几日。而她自己，则一秒都不能等，当天就飞奔到了“白马王子”的城市。

“你就不能假装矜持等一等？”我问。

“不等啊！我知道自己想和他在一起，为什么要浪费时间？我一分、一秒都不想等。”

后来，男孩常常请MS夏吃饭，作为回馈，她就会悄悄挣钱为他买最好的录音设备，基本上每月都要送他和兴趣爱好相关的礼物，一送至今。

MS夏永远是一个热情如火，姿态极低的美女。只要是她想要的一切，不等别人给，自己就会主动追求和抓住。如果她不想要，眼睛都不会抬一下，两眼只专注于自己的目标。

我们常常渴望最美满的爱情——对方无条件接纳自己的一切，不仅爱青春欢畅的容颜，也爱苍老的脸上虔诚的“灵魂”，且以深情共白头。却不知，相爱也是有条件的，那就是，让对方得到身心的满足且自己有值得被爱的“灵魂”。

我们都以为“爱”是不恒久存在的。我不是心理学家，也未见几对永恒不变的爱情，从MS夏身上，我看到了通过付出而来的得到，看到了作为独立个体的修炼和进步，看到了包容和期待。Love receives love，需要爱，就先去付出爱。也许我们常常这样教育小朋友，自己却忘了。

得不到，是春药，所以才珍贵。我们常以这个理由告诫自己。那么，何不先得到了再检验是不是真的“不想要”呢？

主动付出太多，对方就不珍惜了。是这样的吗？

有一个著名的心理学实验，让狗狗穿越通电的栅栏，前几次都让它们被电流击得浑身疼痛，最后一次，栅栏不通电了，但狗心里已经有了惯性的感知，趴在栅栏前瑟瑟发抖，不敢再次穿越。如果一个人总是在一段关系中得到身心的满足，这里说的是与时俱进的、真正的满足，就会惯性自我禁锢到这段关系当中，心无旁骛。

这也就能解释，为何一段感情刚开始的时候，两个人都无比投入和专一。后来有人想走出这段关系，或游离于这段关系，往往是因为这段关系再也不能满足身心。

爱也是一点一滴的习惯和浸润。

不管是柏拉图之恋还是灵肉合一，或者就是身体和谐如磁铁一般的性吸引，只要双方彼此都满意，就是最好的关系。

爱若是场游戏，
我愿生死相抵

《Leon》，这部由法国导演在美国纽约拍摄的商业电影被译制成了《这个杀手不太冷》这样窘迫的中文名，少了 12 岁少女 Mathilda 永生难忘的记忆标签。以后的漫长岁月中，只有这个扎根于心里的名字陪她成长，将盆栽扎根在土壤里，让仇恨消失在思念的记忆中，成为一个平常生活的安稳女子。

“Leon，我想我已经爱上你了。”

“Leon，我爱你。”

“Leon，它在这里很安全。”

什么样的熟年男子可以成为问题少女的初恋？

法兰西温和的阳光下，生活的单调方式黯然交替。工作，打理植物，喝牛奶，坐在沙发上睡觉，旁边放上一把枪。Leon干脆利落地完成了那单生意，回到家，取下所有的装备，开始淋浴。那一刻，我们看到的只有他赤裸的无助与疲惫。

随后，他细心地熨衣服、喷花肥、喝牛奶，一个人到空荡荡的影院津津有味地看歌舞片，像孩子一样新奇愉快，还不时回头张望除他之外的唯一观众，想和人分享他的快乐。这个英俊优雅的男人穿着盖不住脚腕的裤子，长长的风衣，悠然地掠过大街小巷，幸福地唱歌，惹得路人驻足观望，不自觉地渗透着独居的落寞与孤寂。

是的，没有人可以不被他人需要地好好自处。需要爱与被爱，这是上帝设计人类时费尽心机的构想。所有看上去的整洁和规律，都会被慢慢溢出的绝望气息所侵蚀。杀手可以用天生冷酷来安慰自己，所有的柔软温情都是致命缺陷，会不自觉露出破绽。

“我不杀女人和小孩。”Leon本来就是个不称职的杀手。从来都不是。

Mathilda出现了，十二岁的问题少女，绿色外套，小红帽，童话一样娇好甜美的脸庞，清澈却直指人心的眼睛，充满敌意却又有些怯生生的表情——是直抵他内心最深处的软肋。

当 Mathilda 的全家被杀，捧着牛奶到他门口求他开门的时候，他的杀手生涯也就结束了。这个无依无助的女孩闯进了他的生活。他一定会开门，不会扣动扳机在某个她熟睡的深夜除掉这个致命缺陷。

“我要跟你学做一个杀手。”

他一生中唯一温暖的时光里，他不再只是一个人。她会为他买两夸脱鲜奶，会和他一起训练，会和他玩放松脑筋的游戏，会对他说：“Leon I love you.”12 岁小女孩的爱像是甘泉，那么清醇，毫无杂质；像是阳光，那么温暖，令人目眩。

Leon 的生活也随之发生改变。他会笑了，有时甚至是细心而又温柔的。一切自然而完美，从容不迫地叙述，他们笑笑闹闹，他们日益亲密。两颗冷透了的心在相互接近中发出了微弱的光芒，互相温暖、互相救赎。他成了她的信仰，她却成了他的弱点。

为了复仇，他手把手地教会了女孩如何用枪，却又伸出有力的手保护她，让她可以免于拿枪，直到最后，由于她的缘故中了致命一枪。

最后的血战中，他用自己极限的生存智慧与对方较量，保护 Mathilda 逃出生天。重杀伤力武器发射后，大家都以为已经死亡的 Leon 乔装成警察，走向出口，外面是等待着他的小天使。这给予了两人幸福生活的一线希望。但这并非出于怜悯，而是为了让人更加绝望。

真正绝望的是看电影的人。

一步之遥，天人永隔，那门外亮丽的日光和门内刺目的血光，一样令人窒息。他终究还是逃不掉，当他满面血污地走向咫尺之隔的大门时，一支手枪跟在后面。这是一个惊心动魄的主观镜头：逐渐倾斜的地面宣告了他的死亡。

一切都结束了。

回到最初那个问题。之所以可以得到一份纯粹、执拗的深爱，是因为作为熟年男子的 Leon 心里住着一个同样孤独纯稚的 12 岁小男孩。从体能上和智慧上，他可以是凶残的职业杀手，所有的成人都有这样理智残忍的一面。但在内心，他呵护着象征生命的盆栽，漂泊无根，深深地缺乏安全感，像一个纯稚到死的 12 岁小男孩。

不索求不代表不需要，不敞开心扉不代表心里没有爱。“Leon，我多希望你的心里没有爱情，这样，你就不会为现在对我的沉默懊悔。”Mathilda 用枪指着自己的头，逼迫 Leon

心里住着的同龄男孩现身。伸手支开枪头的刹那，杀手变大叔，大叔变正太。他同样孤独无依。“要么爱，要么死。”

让·雷诺的演出令人惊喜，他塑造的Leon无疑是一个经典的角色，如同木头那样纯洁温暖，仿佛是个走错了时空的异乡人。他在这闹市里凭本能维持着自己的生存，活得那样充满实力，让人心痛又爱怜。

可生命必然如此？他只是惯性地攒钱，甚至不喜欢花钱。仿佛知道未来会留给一个真正需要的人。冥冥之中他一直等待被需要，用所有的冒险来等待。

故事的结局。女孩无法遗忘的仇恨带走了他，似是早有预料的归期，这是一个杀手的宿命。也许死亡是完美的结局，他终于永远属于她。女孩把他心爱的植物种在地里，不再活在盆里。她说，Leon，它在这里很安全。

镜头拉远，随着摄影机的上升，女孩和植物越变越小，你可以透过茂密的树林的顶端，眺望到另一端的纽约，那里辽阔的海岸柔和一片。

生活继续。

影片外，有Sting的歌声传来：

That's not the shape,

the shape of my heart.

And if I told yout hat I loved you,

You'd may be think there's something wrong.

I'm not a manof too many faces,

The mask I wear is one…

如果你也遇到 Leon 这样一名深藏柔软而不露的冷酷大叔，请用力去敲敲他结茧的心扉，砸开看看是否有你。这很有必要。又不是一场死亡游戏，有什么不敢勇敢的?

分手只道是寻常，
成年人的世界充满隐忍仓皇

爱情的皮相变幻多端，筋骨里是波澜壮阔的人生百态，血肉是爱恨缠绵的儿女情长，最后手起刀落，一句话总结：“最初红了脸，最后红了眼。”或者，作为成年人，我们理性又自制，礼貌又残酷，连红脸红眼的机会都不肯给对方。

如果再见不能红着眼，是否还能红着脸。

如果过去还值得怀念，别太快冰释前嫌。

如果能恨一个人一生，恨到永不相见，是对爱情的最好埋葬。我们一生当中认真爱过的人，都认真痛过。知道他在这个

世界活得很好，就很好。只要不释怀，对方就永远特别，不下神坛。

爱情，谁不是一场情欲上面的雄辩，谁不曾接受岁月善意落下残缺的悬念。人人都知道简·奥斯汀写出了传世的《傲慢与偏见》，然而一个以探讨爱情与婚姻闻名的作家，却终生未嫁。她把自己一生未圆满的爱情结局给了《傲慢与偏见》里的伊丽莎白和达西。

在英国乡下，简·奥斯丁与二十岁时初遇的少年 Tom，如同拥有偏见的伊丽莎白和略微傲慢的达西先生，有过一段荡气回肠的往事。在《成为简·奥斯汀》这部影片里，安妮·海瑟薇扮演的简，无意间邂逅了来自爱尔兰的律师 Tom。两个本不相干的人相逢了，不出意外地，上帝就是要他们彼此相爱。他们冲突，他们试探，他们惊讶，他们理解，他们在彼此的眼睛里找到自己的影子。他们坠入爱河，又毫无意外地遭到了家人的反对。

他在花园里轻轻地吻她，他说要和她私奔，他拉起她的手勇敢地奔向未知的旅程，她也因为即将要到来的幸福婚姻而满面通红。

他们决定私奔。可当简在私奔途中看到了 Tom 家中的来信，得知他背负着养育家人的重担。一旦私奔，就意味着和自己唯一的经济来源决裂时，简理智地说：“如果爱情会摧毁一切，我宁可不爱。”她从马车上拿下了自己的行李，决定回家去。

爱情有多伟大，爱情就有多渺小。

因为简·奥斯汀的理智，爱情有了遗憾，可这遗憾终因自己的选择成就伟大。

“leaving you，becoming me”，离开你，离开爱情，成为自己，成为简·奥斯汀。这大概是我见过女生对待逝去的爱情，最好的态度。

二十年后，Tom 成了苏格兰的最高法官，简成了著名的小说家。彼此衣着考究，他结婚生子，她则终生未嫁，延续着才女难售的铁血定律。他们在一场舞会上重逢。她看见他挽着年轻姑娘的胳膊，以为那是当初热恋他的表妹。女孩崇拜地看着简：“今天可以为我朗读一段您的作品吗？”

她从未当众朗读过，他皱眉：“简，别这样。”他最好的怀念，是用她的名字，冠之以女儿的姓氏。

她却缓缓起身，说：“我愿意为你破例。”她露出少女般的深情。原来，爱情还在 20 岁年华，只不过变得更加绵长。

简缓缓合上书，在众人的掌声中抬眼向 Tom 望去，眼中满是清澈。纵使往事涌上心头，她嫣然微笑。Tom 依旧像年轻时那样紧拧着眉，注视着她。而后，在唇角流露出一抹欣慰而伤感的微笑。

她亦含着笑。那洁白光滑的无名指上，毫无点缀。

他不曾遇见比她更好的女子，娇俏，锐利，通透，潇洒，倔强。她亦不曾遇见比他更让自己心动的男子。

你一如我最初见到的少年，虽大家已两鬓斑白。

爱情的开始总是这样，适逢其会，猝不及防，爱情的结局总是这样，花开两朵，天各一方。如果爱情终有时限，分开也许是最好结局，彼此怀念，在记忆中永生不灭。分手不是寻常，值得狠狠受伤，当时不是寻常，值得红了脸又红着眼。爱不是云淡风轻，都为此生的回忆铺路。

part 4

敢爱敢分，你可以不被伤害

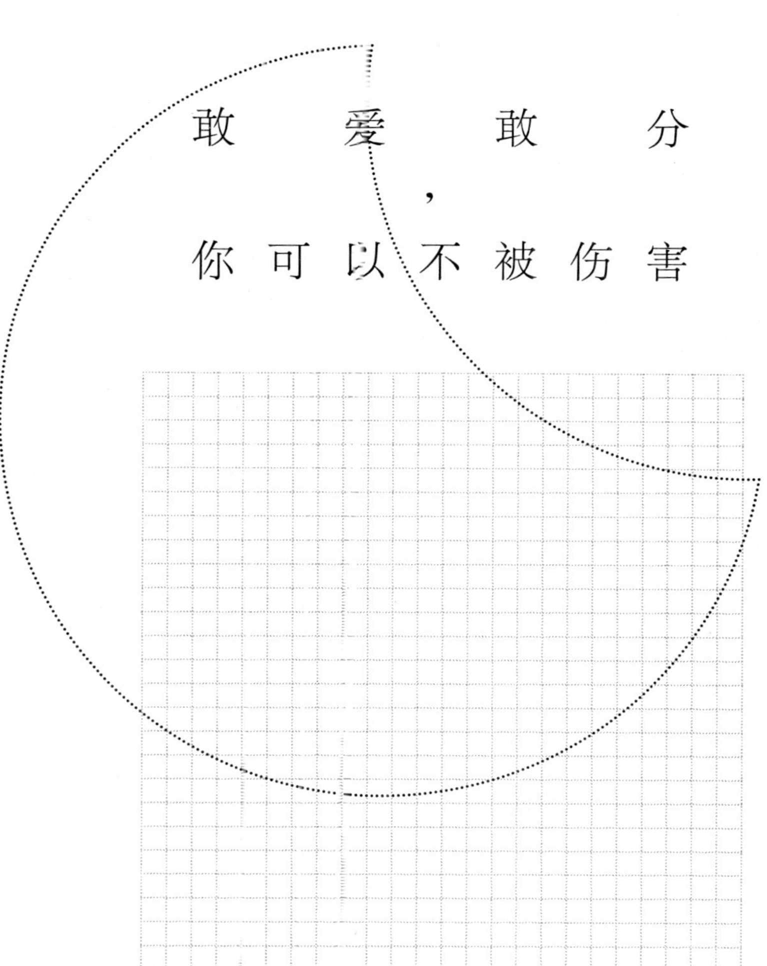

天亮怎么说再见

越是长大，人的情感越容易多虑和脆弱，理性多于感性，不再相信惦念爱情。天亮了，不知不觉就到了说再见时。

这几年做女性情感媒体，不少女孩向我倾诉，一场爱情换来一个炮友，上床前你侬我侬，上床后转身不见。怎么办？这种情况，还是不要执着于告别仪式比较好。仓皇逃窜之人，也许只是不忍心欺骗，坦白不爱你的事实。

女友讲起一个中年女公务员姐姐，端庄普通的长相，和文艺中年男一起旅行了一次，男人甜言蜜语加诗情画意，留给她有生之年最难忘的一次回忆，分开后男人就消失了，电话不接信息不回。姐姐寝食难安，把他写给她的情诗，说过的情话一遍遍拿出来陈列，让女友相信他是真的爱过她。她一定要讨一个说法，死得明白。于是，她飞去了那个城市找他。

见面后的细节，在姐姐眼里仍呈现得含情脉脉。对方告诉她，自己最近喜欢上了一个特别的女子，和她在一起，天造地设天雷地火。“我会永远爱你，就像自己的亲人一样。”鸡贼大叔告诉姐姐。

“不，我希望你忘了我，我做不到做你的亲人。”姐姐纯情无比地回答，强忍住悲伤。“他还亲自送我去了机场。”

回京后，姐姐就病倒了，躺在病床上还在惦记他是否担心。“知道我病倒了，也没说来看望我，还飞回去陪那个新欢了。”

该是有多么想爱以及缺爱，才需要这一场纠结和彼此祝福啊。

我爱你，才希望你是个体面有温度的男人，不占爱的便宜，不像个肇事司机，仓皇逃窜。

我爱你，才希望你珍惜自己遇见过的一份真情，不以恐惧之心度爱人之腹，不是每个爱你的人，都会抵死纠缠。甩出去的手，不要那么决绝那么快，交代一声再撤，是更好的情商。

你不爱我，不代表我不再爱惜自己。不被爱的恐惧，在岁月的打磨中已经逐渐消融，女人对世事无常的接纳包容，常常超过自己的想象。

寻常人的生活总是需要鸡汤又充满狗血，所以玛丽苏的剧情才会一再出现。我还是欣赏一些电影、电视剧的桥段，白瑞德狠心向贪婪不知回馈的斯嘉丽说："一件东西，破了就是破了，我不可能把它捡起来，告诉自己，它还和从前一样……"

斯嘉丽的世界第一次彻底坍塌了，但是内心不灭的欲望和理智宽慰她。不，生活必须继续，毕竟，tomorrow is another day.

我看过另一人写的《飘》的续集，斯嘉丽，真的寻回了白瑞德。爱过的人，怎么可能说不爱就不爱，说破碎就不能重建。

我的人生中有过一次被分手的经历，也是唯一放下自尊试图挽回的一次，直到对方清楚明白地说："我对你没感觉了。"尽管也许是情绪波动中的一种感受，这句话，还是让我轻轻地抽离了紧紧拥抱的双手。

不过度争取纠缠，不随意发泄情绪，不是因为不爱，是怕将两个人的感受打得更碎。也许爱情真的太难，欲望都市里难有忍耐忠诚，选择太多，自视甚高。仿佛谁也不缺这一段，或下一段。

爱情也是狭路相逢，勇者胜

总是怀着调查记者的职业习惯去了解自己好奇的领域，比如爱情。是的，过去我羞于专门谈论爱情，觉得人生应该有很多值得去追求的东西，限于爱情太过单薄。后来我发现，爱是唯一真正可以滋养灵魂的东西，让人活得气象万千有生气，然后才能充满活力地去追求人生的丰富有趣。

所以人生不可避免很重要的一课是——拥有爱人或爱情。为此，我针对男女做过不同调查，是什么导致了好男人、好女人单身，是什么导致错过，是什么促使开花结果的爱情。

总有一方比较悍或比较猛。在感情这件事情上，人类往往是缺乏主见的，自己以为爱上了对方，只要人家一次拒绝往往就偃旗息鼓，一次鼓励就信心百倍。所以遭遇纠结时，悍的那一方直接稳准狠地攻击，短平快有用。成年人总是想太多，默默分析关注对方，宁愿错过也不愿出错，太理性的人总是比较蠢。大都市里的恋爱，follow my heart 变成了 follow my brain，冲动的时候遇上晚高峰，就不会游过车流去见你了。思念的时候你可能在见客户，就不会冒冒失失打个电话过去诉说衷肠了。

所以聪明又不那么聪明的人总是暧昧多于爱情，什么都根本抓不牢实所以脚踏好几只船，双臂挂满备胎，仿佛这样就不缺了。真是无聊且累。我还是羡慕那种春风沉醉的爱情，完完全全的交付，就好像多了颗灵魂一心只想比翼双飞，这个人无论天涯海角都最信任、最亲近，最能够彻底拥有。没有真正的爱人，我们才容许那么多电灯泡来充当“情人”。

你或许会说，情人无数是成功人士的标配，代表社会资源占用率高。嗯，你怎么不去做很多份兼职而投入一份事业呢？没有人是真正享受花心的，不管男人女人，心胸都是狭窄，一家餐厅能吃畅快了不会同时去很多家。人也是需要安全感的，流离失所的灵魂不会信任另一颗笃定的心，他们活得疲惫又慌张。

所以不够智慧的聪明人用理性武装自己，碾压心动，自我囚禁。狭路相逢勇者胜，愚蠢的聪明人遇到了自由简单的悍妇或者猛士，一脚就被踹碎了那层云蒸雾罩的壳，傻在原地任由其蹂躏，直至对方宣泄完情欲性欲扬长而去。

见到过太多渣男泡女神，和渣女推倒好男人的案例——不过如此。自我纠结的所谓良人往往是缺乏攻击性的，隐忍易推倒。心理学上将人的攻击性列为动物本能，攻击性和性魅力融为一体，刺激对方的荷尔蒙分泌，我们才会那么热爱“坏男人”“坏女人”，有种狂风骤雨的暴力美。充分满足我们的受虐倾向。

这种勇猛更表现在自强不息的追逐之上，被拒绝了没关系，再接再厉。被冷落了没关系，我爱你与你无关。这种勇士仿佛天生具备自信自爱的小宇宙，不需要对方反馈，一心瞄准目标，一心明了和满足自身内在欲望。反正，我爱自己，我也爱你，你管不着。爱一个人，是爱给自己的。

最终，被撼动的一方，开始反扑……

给一个计划离婚朋友的建议

晚上和一群朋友聊天。纠结是否要离婚的爸爸问我一个问题，离还是不离？如果特别难以割舍女儿，是否一直要维系这种貌合神离的婚姻。

“红旗飘飘彩旗不倒，很简单嘛。为何一定要离？”旁边人的建议。

“我想你之所以纠结，是因为不想做一个心神不一的自己。”我说。

他点头。

回到离还是不离的问题。我认为，大人的婚姻和小孩没有实质性关系。我清晰回忆起，童年时期家里一触即发的火药氛围，我是如何回家把自己关起来，把他们关出去。有一天半夜，我被父母从梦中拎起来，问如果离婚我跟谁。

我不屑一顾地回答他们说，谁也不跟，然后就回去睡觉了，那是小学四年级。第二天，他们没去离婚，我很失望，感觉自己被利用和绑架了。我不要这种没有幸福可言的家庭。

我想说的是，任何小孩都是独立的个人，父母的爱和应尽的义务，首先是把他们带到这个世界上，在他们弱小的时候哺育他们，而后最重要的是，在他们需要爱的时候给予他们恰当的爱，而不是人之初最痛彻心扉的伤害。这种伤害包括不去理解和懂得一个全新、独立、好奇又敏感的新生命，用自以为是的方式去忽略和残暴地对待他们。

如果维系现有的无爱家庭，小孩子是有苦难言的，因为他们一定能够体会到不和谐。

如果你想做一个好父亲，本质上不是占有她的时间和成长空间，而是如何让她知道：作为人生中最早一个爱他的男人，你会如何提供安全感和保护。你必须要和她一起练习与异性相处的模式，让她学会如何去表达爱，传递爱，信任爱。

“爸爸会一直陪伴你成长，做你最稳固的肩膀，给你最好的保护，让你成为最勇敢，最坚强，也最娇柔的姑娘。”父亲要用行动告诉女儿这样的话。

想要离婚的爸爸听得潸然泪下。他说得到了很大的启发。

我没有这样的父亲，所以在成长的道路上异常地缺乏安全感。也许离婚后，他有机会成为一个更好的父亲。尴尬的是，他们的婚姻没有糟透，在吵吵闹闹和得过且过中忽略了我的存在。

未经愈合的童年让我一直未能真正进入成年人的世界，常常站在一个缺乏逻辑的角度看待问题，对这个世界更有善意，也有了更多突然间直觉上涌的防备，对于爱的绑架和由着爱的理由带来的冷漠粗暴天然抵抗。所以，期待你们对自己诚实，对孩子也要诚实。

静定生慧。诚实生静定。

不被爱过才真正长大

自恋的人可能都有过一段荒唐岁月，那就是，你认为你爱的人一定都会爱你，你不可能是那个不被爱的人。于是你傲娇锋芒，手到擒来，不用努力，更不必慌张——他们为什么不够爱我？他们脑子笨啊。

直到有一天你被放弃，你爱死了的那个人清晰明了地告诉你——我对你没感觉了。你先是惊呆了，后来是不信，然后是相信。任性小女孩终于成为女人，原来这个曾经说很爱你的人也会说我不再需要你，这种感觉，可真是雪上加霜。但你也就真正长大了。原来这个世界上，可以有人不爱你，他们会有别的风景。

我常常听到女孩有这样的抱怨——“我这么好，他怎么就能爱上别人？”“如果劈腿，请赐我优秀情敌。”什么叫优秀啊？她可能只是比你体贴温情，比你姿态更低。不信你自己也换种口味试试？

你可以不被爱，就意味着你可以被否定。这个世界有着丰富的多样性，你的光彩就是有可能遇见色盲，你的世界观不能抵达每一种人性。上帝造物有多么随机就有多么公平。可是又多么无奈多么无力，我在你的眼里看不到我自己，我关上灯用手挖自己的眼睛。

甲之蜜糖，乙之砒霜。没有人能随随便便被所有人爱。这几乎是不可能的事啊。林志玲也会被一个抠脚大爷拒绝的你信不信？“我不喜欢嗲的，我就喜欢粗口女汉子。”也挺让人印象深刻的。

转身想想别人的感受何如？某个晚上，你又收到了一条短信，那个对你求而不得的男孩，说自己事业上升了一大截，又喝多了。无论怎样的表白你都是不会回应的，就像三年来每一条垃圾短信一样。懂得慈悲之后多想给他打一针，让他转身去面对那个对他求而不得的人。

所以说造物弄人，弄得人青一块紫一块。那些轻而易举断过的肠，都没能让你明白，任何结果都没有对错，都需要接纳。那些彻底断掉的肠，才是你后来面对一切的底气。就像是一个小朋友，跌倒后会哭，然后撒娇，但如果遭遇狗不理也不得不沮丧地站起身来，然后就自己走开。

也许求而不得依然爱才是真正的爱，不被爱就没有了等价交换的条件——猪头，你不爱我我爱你呀。

分手的能力

这世界上有很多具备超能力的人，比如博闻强识，比如胸口碎大石……有的人因为具备某种异于常人的卓越能力上了《最强大脑》这样的节目。这些能力我们可有可无，因为不会影响基本生活。

有些能力就很影响生活品质了，比如获取爱情的能力，以及分手的能力。对于前者，已经有很多幸福秘籍一再分析，而关于分手的能力则少有人提到，这里我们来重点探讨一下。

具备较强分手能力的人，我们一般认为是“渣男”或“渣女”，他们一般都不明确提分手，只是开始另寻新欢，慢慢怠慢对方，直到对方受不了提出分手。更高明的一般不会接受分手，他们会深深浅浅地挽留一下，然后继续冷落你，让你在求不得当中黯然神伤，等候他们的随时召唤。不爱了，就可以将对方视为备胎了。

亦见过“渣男”的眼泪，往往是因为感动了自己。关于对方的死活，爱谁谁。所以那些酒后或者失眠时骚扰前任的人，十有八九是自私邪恶的，不要理。

在爱情纯粹派人士眼里，一定要爱得油尽灯枯，受了很多次伤，才不得不心碎离开，但凡心碎得不狠，都要为爱痴狂。而且一定需要一个凄迷梦幻，对得起回忆的告别仪式，因为转身就会删除拉黑各种联系方式，仿佛这样才能彻底从痴狂纠结的爱里走将出去。殊不知，那种生离死别的阵痛又让爱的回忆增加了一些戏剧色彩。

一段时间以前，我们都是爱情至上论人士。后来慢慢了解所谓“渣男”“渣女”的心理，和我们不尽相同的是，他们真的不“我执”，谙熟佛家“无常”的道义，并不为任何人守候，也不放过任何挑逗。一秒前可以为一个人要死要活，下一秒就可以为另一个人痛不欲生，他们爱上的是爱情这种感受本身，并不太执着于某一个人。他们甚至是不那么相信“爱情”，是没有宿命感的无神论者。既然爱情都会过期，永恒并不存在，何必吊死在一棵树上，感受不好了就赶紧寻求下一段刺激。

还有一种就是不那么自信自己可以全然搞定一个人的人，一直在睁开另外一只眼睛向外寻觅，寻求备胎，随时做好“被抛弃”的准备。一段关系中一旦出现风吹草动，立马高度戒备，半条腿越出了界。这种分手的能力也堪称奇葩，就比如那些日日在一段关系中卑躬屈膝的人，转身就找人结婚了，或挽着个新欢招摇过市。因为心存恐惧，所以励精图治。

如果没有现成的备胎，多数人立马可以投入下一段恋爱，无所谓爱或不爱，忘掉与否，时间和新欢共同协力，总可以让自己免于空窗回忆之苦。止疼药有时候并不那么好吃，有时还有后遗症，但吃，总比不吃要速效救心。这对于爱情至上论的我们而言，简直是天大的侮辱和打击，我还在这里日日回忆思念你，你怎可以不见旧人哭，又和新人笑？太残忍，不公平。

当然他们还是会难受，并且随时欢迎你回来，毕竟生离不是死别，我若想你还会找你，你若想我，就看我有无时间和心情。毕竟世事无常，自由便是“随心所欲”。看起来这种人似乎也具备很强的分手能力，但往往比较容易把三方搞砸，落得个鸡飞蛋打神经错乱。

鉴于大多数非“碧池”女生都属于以上人士，我们必须学会分手的能力。爱情世界的纯粹原本没有错，自尊有错，太过重视对方对自己的看法有错。很多时候我们克制自己的抓狂，不让对方看出狼狈沮丧，完全是因为还想留个优雅的背影。我推荐向男人学习，分手后完全可以死缠烂打鬼哭狼嚎，直到宣泄完所有情绪，累了无聊了，或者被人彻底泼了凉水，也就不痛了。

如果优雅的背影是你想要的，就不要不接受死要面子活受罪的痛苦。

分手的能力，无非是承受破碎的能力，以及重建希望的能力。相爱不易，不要把任何分手都搞成一场痛不欲生的生离死别——除非对方狠心欺骗抛弃了你。这是成年人应有的智慧和能力。

不被爱的自由

每次失恋，我们常常会问自己一个问题，我这么好，对方为何不懂珍惜？

拜托，你再好，总会有人不爱你。就像不是随便哪个高富帅都能够博取你的芳心，渣男也可以。

我是很晚以后才知道自己有可能不被喜欢、不被爱这个事实的。那条发出去的信息满含热烈的思念，对方回复得很是敷衍。我说，我们分开吧，对方回答得很爽快：“好呀。”

不知道他是爱还是不爱，或者，是不是很爱。然而，重要吗？如果自己的爱还在，或者迷恋还在，分开未必就比坚持好受。

于是，不被关心也不再作得上天入地，像个后宫等待宠幸的嫔妃，默默等待对方联络宠幸。照此前，一旦发现对方没那么在乎，我就会想要离开。我这么好，你怎能不爱？

姿态的放低和年龄无关，和境遇有关。三省吾身，我发现，自己其实也会间歇性不爱，或不那么爱。恨不得分分钟向对方提分手，不提就不痛快。此时如果对方隐忍坚持，可能突然某天就峰回路转。对方作，就会心里暗暗发笑，或者更加厌烦。

即使自己真的不爱，那个任性发来各种撩骚信息的人，事后也会暗自佩服，心生敬意，比默默纠结不敢表达的人自我勇敢。勇敢是一种良好品质。

骄傲往往夹杂自卑。自信满满的人才不管对方爱或不爱，我爱你，我也还爱自己，与你无关。

“事实上，我们不仅会被拒绝，还可能会被很多人拒绝。这是我几年前回国就知道的事情。”我的美貌闺蜜小雨告诉我。那天，我们晚饭聊天，聊起被男人冷落的那些瞬间。她真的很美，性感且美，追求者众多。就这样，和小男友之间也是她主动推进 80%，只要还不想分开，就得包容，就得忍。

如果认同自己有不被喜欢的自由，剩下的就是问清自己究竟想要什么了。想要撤，就干干净净地撤，打扮好再寻下家。想要留，就婉转温柔地留，等对方心回意转。折腾够了死了心了，荷尔蒙也挥发得差不多了。

拉黑删除吗？倒是未必，总有一天，我们会发现他如见平凡，看着他走下神坛。

学会不受伤，从学会“不被爱”开始。萝卜青菜各有所爱，和你有无魅力无关，就像我们爱渣男，和对错无关。

part 5

有欲望、能得到，做自己的女神

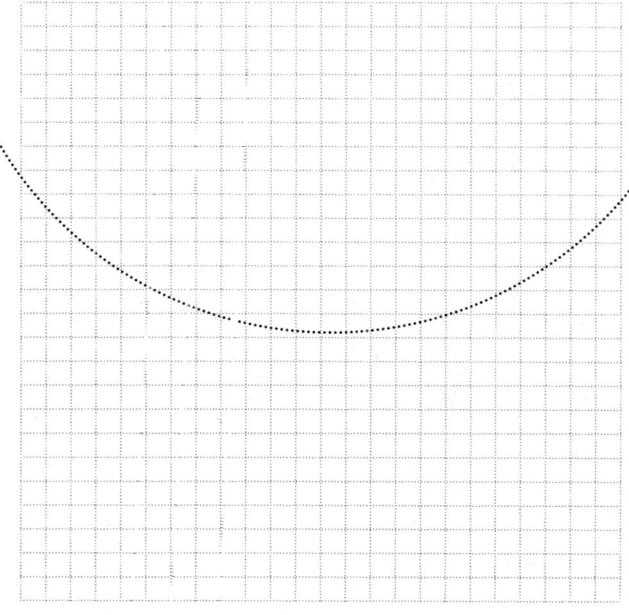

主动单身，有快意，
无恩仇

1

不瞒你说，我是一个长期“单身”的人。一个人吃饭，一个人逛街，一个人看电影，一个人旅行。

单身的原因和你一样，工作太多，社交太少，精神洁癖，或者被认为有很多人追……或者是真的喜欢一个人的门槛比较高，要聪明，又要善良；要真诚，要不虚伪；要能聊得来，还能一起安安静静躲开喧嚣。

你看，你是不是至少也中一样？

想起来最近换了头像，一位她蜜留言说：“她总，求你换回原来的头像。”

我问，为什么？她说：“我离异单身，我对自己很没信心，看见‘美女’就有压力。”

你看看，如果我跟你说我长期单身，并且可能比你们还更容易单身，你是否能有些许安慰和平衡？

既然我们都无法逃避单身，不如一起来商量，单身时，如何度过那些艰难时光。

2

我承认单身会很凄凉，特别是冬天时有太多的节日了——圣诞、跨年、春节、情人节……但是，如果没有能够灵肉合一，让彼此喜悦的恋人，不如取悦自己。

单身亦有清欢。

大学刚毕业时，当时工作的报社有一位姐姐，姓王，32岁，未婚，单身。她身材高挑背影妖娆，知情识趣，情商极高，总是能在工作场合缓解我的稚嫩和莽撞。

但我当时的小男朋友总恐吓我：“离王姐姐远一点，当心你也变成那样！”

“什么样？”

“32 岁还嫁不出去呗。”

在许多人看来，她有种没嫁出去的悲凉。我却对她十分欣赏。她会在下雪的清晨，给我发来短信：“苏苏，下雪了耶。”让我在暴冷的北方，感到阵阵暖意；会在我被欺负被误解时，红着眼眶拉我过去安慰，心疼我；会在我和男朋友吵架，无处可去时开车来接我去她家。

她租住的是一居室，刚搬进去不久，还买了宜家家居，自己组装，墙上有大量宜家简易书架和壁挂架，放书、养花。

男朋友打电话来道歉，她说：“撑一撑，别急。男孩子，总是需要长点记性才慢慢成熟。”

我不知道我们谁更像是在度过艰难时光。她是怎样的一种“单身”，我不得而知。我见她哭过，因为前男友从深圳来北京求复合，她拒绝。两人不是一路人。我见她哭过，因为母亲、姐姐都移民国外，从此就她一个人留在国内。

我不知道她怎么熬过那些单身时光，那些被人指指点点的大龄未婚时光。

3

后来我们各奔东西，断了联系。十年后，又在一个小餐吧相遇，她笑意盈盈，关键是，她的无名指上，多了好大、好闪烁的一枚结婚戒指！换我到了她当初的年纪，恰好单身。她拍拍我说："两个成熟的人才能拥有美好的爱情，别急。"

"嗯，我不急！"我点点头，真的一点也不急。

她的出现，就像电视剧里的美好结局。仿佛每个不妥协的人最后都等到了真命天子。而我早已尝到单身的好。一个人可以自由安排周末，想见谁就见，不想见谁就不见。偶尔对谁动心也可以暧昧着调一下情。

30 岁左右，我认真"浪"了一两年。泡吧、聚会，遇见并不适合长期关系的异性也会说说爱，谈谈情。恋爱嘛，反正又不用结婚。现在又可以清心寡欲独善其身。把时间用来做自己想做的事情。没有优质的约会对象，宁愿约会闺蜜。

爱情和亲情友情一样，只是人类诸多感情中的一种，只是更激烈，短期内占据内存更多，但同样也会带来更多消耗和伤心。

我们挑个口红都那么认真，怎么能随随便便就选个男人。完整一颗真心捧出去，他是那个全然掌控"生杀予夺"的人。想暖一下，就双手捧起来呵护，想拿小刀划一下，小钉子扎一下，那都是他的自由和权利。

爱上一个人，就意味着交出去被爱被伤害的权利。哪怕你在这个世界上有金刚不坏之身。

真的不能随随便便结婚。参加过最沮丧的一次婚礼是另一位同事萍的。她在 33 岁那年把自己嫁给了一位博士，大学老师。婚礼上，全无表情的两个人像是在参加“葬礼”。

萍私下叮嘱我，千万不要把她结婚的事情对外说。

“为什么？”我惊呆。

“嘿，就是凑合结个婚，给父母和自己一个交代。没啥好说的。”

于是那场婚礼我参加得好痛心。她就这么葬送了自己的幸福。这场婚礼果然是葬礼的前奏。两年之后，萍去世，肝癌。不好说她的去世和不幸的婚姻有必然联系，但我知道，他们常常吵架，还相互大打出手。

4

一加一必须要大于二，这世上的任何组合都理应如此。否则，不如独自仗剑走天涯。

一个过不好单身生活的人，多找一个人会是矛盾的叠加。如果将恋爱当结束孤独的救命稻草，你就会抱怨、索取、怕失去，从而显得自己价值很低，招致对方厌弃。

人其实是永恒孤独的动物。恋爱了会孤独，结婚了，还是会孤独。没有人可以时时刻刻填满你的身心。所以，即使“单身”会孤独，会清冷，也要每天给自己打满鸡血，告诉自己，你很好，你很行。绕开那些会让自己痛苦沮丧的事，比如，不主动招惹已婚男人。

最好学会做饭煲汤。好好生活是促发一切正能量的最好能量，它十分神奇。会让你身上有温暖，有光芒，吸引到对的人。

要有运动习惯，释放多巴胺，那会很快乐，也会让你很性感。吸引到对的人。吃好、睡好、喝好，学会鼓励安慰自己、取悦自己，不沉溺悲伤、幻想。听让自己信心满满的音乐。这些都是度过单身时艰难时光的最简单且行之有效的方法。

未来你要花很多精力去爱别人，现在，请将满满的时间精力用来爱自己。你会发现，越来越快乐，越来越轻盈，越来越柔软，让人忍不住想要靠近。

虽然偶尔也丧丧的，感觉单身的日子没有尽头，但一定要对自己有信心。信必得到。

女人的出路只有一条：美且永远爱自己

某晚聚集一帮朋友唱歌，我的男闺蜜文兵对我呵护有加，依恋又沮丧。没等我问，他就道出了缘由。“这周好忙，身心俱疲，每天都加班到晚上 11 点多。除了这个事情，还有一点很难过的事情，我一个朋友，特别美好的姑娘，为爱自杀了。”

我错愕。和他确认，那个女孩，的确是三年前一起出差的那个温柔漂亮姑娘。

我们的心，都一阵抽搐。

订婚之前，他的甜言蜜语构筑了一个无比美好的童话世界，善良的姑娘入戏太深。结婚前夕，他却突然提出分手，并爱上了别的人。姑娘惊呆了，想要寻求答案，对方不给；放低姿态求回心转意，对方不回。

枯坐在婚房外等了近 7 个小时，两夜一天只打通了 28 秒的电话。这 28 秒，是她决定轻生前的 28 秒。

“你问我有多爱你，能不能爱你爱到没你就活不下去。我做到了。”

所有的亲朋都扼腕叹息，觉得作为记者的姑娘坚强勇敢，明事理，不该这么天真荒唐。问世间情为何物，直叫人生死相许。只是这情，也未免太脆弱了。姑娘尸骨未寒，男孩就着急否认一些事实。

如果姑娘再等等，爱自己胜过爱爱情，过不了多久，就会知道真相，再难过也会逐渐离开。毕竟，时间是治愈一切最好的解药。她还会有新的更好的爱情。

“早知道我就去追她了，这个傻妞！”男闺蜜快哭了，拿出他们的聊天记录给我看。这是个美丽又善解人意的好姑娘，不乏各种优秀的追求者。

可是她没有等，爱对方胜过爱自己。她爱上了爱情。

这个世界上，男女相爱，并且让女人获得幸福美满的爱情，概率太少。男人这种生物，提供保护，不提供情感上的懂得和呵护，于是陷入恋爱的女人往往容易欲求不满。如果除了爱情，人生再无其他寄托，就是一场灾难。爱上一匹野马，家里没有草原。

张爱玲这样冷眼聪慧的文学女神，都一边低到尘埃里，一边认输。“这世上没有一样感情不是千疮百孔的。”

一晚，和一位知名音乐剧导演聊天，我们探讨关于独立女性的出路。他的观点很是犀利，他觉得，当代新女性想要获得美满人生只有一个解决方案：1. 爱自己；2. 爱自己；3. 追求美、成为美。

“女人当然应该自私自利，这是爱自己的首要条件。女人终究是纤弱的。你都不保护自己，渴望他人保护，太冒险了吧。你都不爱自己，怎么会有人来爱你？”他觉得，一个生活得井井有条，并充分宠爱自己的女人充满了温暖自足的魔性，男人会主动靠近。

“独立女性往往是不那么知道爱自己并照顾自己的女性，外强中干。”

变美，其实也是另一种方式的爱自己。女人天生爱美，如果不惜一切代价让自己变得更美，会大大提升自我的价值感，对自己感到更满意。而美貌，几乎是获得爱情最先决的条件。

“没有一个女子是先因为她的灵魂美丽而被爱的。”

以上箴言不仅针对独立女性。我的另一个朋友跟我说："要知道，敢于做全职太太的女人心理更强大，面临的挑战更多。毕竟，要靠一个人求生存。"如果不学会爱自己和美，有一天会把人生输得精光。

"黄脸婆"仿佛是男人出轨的"理由"，腰都那么粗了，还怎么和她亲热啊！

感性使你妩媚，理性使你强大

看了几期现场访谈，最近对伊能静有些敬服。这是个勇敢独立的台湾文艺女青年，有台湾女人的嗲，有台湾女人的精明，也有自己对自己的勇敢坦诚。

其中一段，她说秦昊追她时，她没当真，真的觉得两个人年龄各方面都不合适。尽管心已沦陷，但还是要勇敢和对方说“不行”。她和盘托出自己的真实年龄，坦诚已为人母，不会随随便便找个人陪，要认真的爱情，她要结婚。没想到，因为这点坦诚和勇气，收服了演艺界小男生。

爱却是她人生中最重要的事情，重过事业。在另一段访谈中，她说，这辈子事业可以没有，但不能缺失为人妻母的角色。组建自己的家庭，悉心关照家人，是每个女孩自小就有的梦想，伊能静对为人妻为人母的坚持却不是普通的坚持。历经婚变，在娱乐圈独立行走多年，如果还有这样的坚持，那才是真执拗。

“爱”字当头，是感性得一塌糊涂的女人。空窗许久，却勇敢拒绝小鲜肉，伊能静的理性也很强大。

感性往往使女人妩媚柔软，心理学家武志红说，他认为一个女人身上最迷人的部分是她的感性。这也正是男女有别之处。一段婚姻开始前，女人往往沉浸在一生一世白头偕老的光荣梦想之中，男人开始憧憬起了自由。渡边淳一的《男人这东西》对男人的动物性做了客观分析：因为要承担责任，要狩猎养育家人，男人总是需要动用理性的头脑参与竞争，冲锋陷阵。世界太残酷，容不得感性。

那么，女人是否就没有理性？答案也是否定的。就像是男人在择偶时，往往会趋利避害做选择，选择温柔贤惠、善解人意又善良的女性，有利于捕获和控制，外貌也要尽可能漂亮，有利于基因改良。聪明是一把双刃剑。情人可以聪明，老婆可以精明，但不可太聪明。精明的人妻是居家过日子，抵御外来侵袭的好帮手，而聪明的妻子，则是随时可以识破谎言的侦探和可以随时离开家独立获取生存能力的“对手”。

女人在择偶时也十分理性，男人的房车，物质基础，成为娶妻生子的首要条件，越是甘于隐在背后为人妻为人母，就越是需要男人给予物质保障。所以，在重大决策面前，无论男女，都不乏理性。

女人的理性缺失在半明不暗的情绪当中。可以日日夜夜想一个人，忘记自己也是需要独立获取食物的，无人赡养，对等候一个白马王子解救人生怀有执念，殊不知，婚姻飘摇爱情有时可尽，人生唯有变化是永恒，唯一不变的，就是为自己可以驾驭的人生进行理性建设。失恋再苦，也不能失去工作。

遇见的爱情有多完美，也不能失去对人生目标的追求。

我见到过的两位女性人生导师，玛莎斯图尔特和Miss Dally，婚姻都曾破碎，但并不影响她们执意向前，最终获取丰沛的一生。我见过一位已83岁的老太太，在50岁的时候是身价几千万的女富婆，后来锒铛入狱被判无期徒刑，女儿自杀，丈夫背叛……绝望中的她想到过自杀，自杀的当口想起了女儿临死前的愿望，于是放弃自我毁灭，竟然在70岁时获准出狱了。

出狱后的她从清洁工做起，把公共厕所打扫得如星级宾馆一样干净，还喷上了超市里买来的廉价香水。她认为，只要人生可以重头再来，尽心做好当下的每一件事情就有机会走到目标到达的那一天。最终，她重新创业成功，成为千万富婆，并完成女儿的遗愿，开设养老院、孤儿院。“我不敢说自己有多成功，但我可以肯定的是，我比同年龄的老太太更年轻，更美！”站在舞台上回忆此生，她间或哽咽，却始终灿烂。

这样的理性，让她吞下了人生的大起大落，立足当下为人生做努力。感性使我们具备感受幸福的知觉，也使我们感知痛楚——痛也是人生，只是不能让痛毁掉人生，要用理性及时止损。

爱得热烈而感性，是一种性感。放弃得果决又理性，是种智慧。用直觉和内心作决定，用理性和勇敢做抉择。尽管，我也常常用错地方，但我希望你行。

感谢上帝赋予人类这两种截然不同的精神力量，他们成为我们的左膀右臂，使我们活得精彩又冷静。

好女知退让，当春乃发生

心中一直有一位独属于东方文化的女神榜样，夏梦。因为大美，她半生都被贴上“金庸梦中情人”的标签。

“西施怎样美丽谁也没见过，我想她应该像夏梦才名不虚传。”金庸确为之倾倒表白，甚至还为之甘愿做小编剧。这样的美，让人惊艳咂舌，做人滴水不漏地低调谦和，为她赢得了好名声。

导演李翰祥曾说：“中国电影有史以来最漂亮的女演员就是夏梦。”她自己却说，“我从来都没有觉得自己有多漂亮”，并说“不记得有什么因为长得太美有太多人追求的困扰”。

做演员见好就收，嫁作商人妇便退出演艺圈，对金庸的追求礼貌拒绝且表达欣赏。电影研究者石川曾评价她这样的做法："是传统士大夫心中理想女性的化身，又是继承着 20 世纪三四十年代民国文人家国梦想的梦中情人。"

隐去银幕光环并不代表彻底放弃追逐自我。1979 年，夏梦将自己和丈夫花了半辈子心血的家族制衣厂贩卖，再加上自己的积蓄，创办了"青鸟影业公司"。在公司初创时，夏梦还请来了金庸题词，此时他两人已是多年知己之交。后来成功的系列电影证明，确如导演许鞍华所说："夏梦的智慧比她的美貌更加出众。"

这样的美貌和出众，一直用"收"的姿态在绽放。这十分符合东方文化的温良恭俭让。越是自带光芒就越是退让，好让世人接纳追寻。本身也没有错，满招损、谦受益。

如果已得到了心中向往，躲进小楼不仅可以让技能精进，也可挡去各种雨雪风霜。从这个意义上说，我不同意完完全全地彰显自我，将自己置于风口浪尖，除非你有得天独厚的优势。如果没有得到心之所向，就更要低调谦虚练习内功。

不刻意低调，其实和不刻意高调一样，应是一股自然做派。

我见过京城著名"流水席"——黄门宴创办人美食家黄珂，这样一个宴请八万来客，贩夫走卒与名人雅士共饮的京城文化符号，在熙熙攘攘的食客中安详又镇定，寡言少语。大家称之为“珂爷”，不管是何方显贵，以及艺术大家，对他都真心尊重，身前身后传诵他独特的人生态度和处世哲学。他是强大的组织者，不让任何一个人受到冷落，又是合理的退让者，不让热闹埋没了自己的清静。是主人，也是让你可以忘记主人的“背景”。

酒喝到一半，他转身走了。寻过去一看，他一个人躲进没有灯光的房间，对着电脑下围棋，一个人、一支烟。

连主人都可以退让，客人就更舒畅了。“先说我这里的第一道规矩——就是没有规矩。”黄门宴开场前他会讲几句话，但这句话讲完，往往就没有什么高调的话了。众人热闹非凡的间隙，他偶尔枯坐着发呆。

不自我彰显的人，常常被他人彰显。人们爱这种舒适的态度，看到灵魂里的丰裕安详，似一汪浅浅的溪流，静静流淌在山谷。所以我们爱谦谦君子，爱空谷幽兰，爱人淡如菊。这是独有的东方风韵。

自是可以惊鸿一瞥着出现在聚光灯下，但没有收，放就难得极致。在互联网创业圈浸淫久了，看到太多急功近利，欺世盗名着迅速获得资本回报之人，价值观难免扭曲，仿佛实干低调不再被时代需要，不仅不被需要，还成了一种人格缺陷。但其实，真正走到最后绽放异彩的人，都有善于隐藏的气质，只不过，男人比女人更懂得隐藏，有猎人的天然气质。

回到女性之如何这个命题上来，美艳如夏梦这样为人低调是一种处世智慧。如果你只是寻常女生，那么我要恭喜你——拥有机会磨炼内功和品行，外貌的自然随和不仅可以为你赢得更加真心的友情，也会更容易让你获得长长久久的爱情。是真的。男人爱找美貌女子谈情说爱，往往娶回家的，却是拥有良好性格和教养的中上之姿的妻。上帝极少同时赋予一个人美貌和智慧，红颜薄命和情深不寿一个道理，如果想要获得幸福，美，也是需要藏拙的。

有种不经意的美，也有种不自知的美，好过刻意显露出来的大胸长腿，和几经 PS 的大眼睛锥子脸，总有一种盛装推销的廉价之感。愿你如安静陈列，低调自持的奢侈品，美得不卑不亢。或如山谷里恣意绽放的花朵，自在天然，不因是否有观众而盛开和凋落。

知退让，不仅是修养，更是种自信和风度。

成为什么，
取决于你忘记什么

“成为什么，取决于你忘记什么。”这句话是一个从英国回来的姐姐告诉我的。她叫安吉娜，弹妙曼的古典吉他，夏天也着一双长靴子，苏格兰皱褶短裙，长卷发纷乱。从背影看，仿佛豆蔻年华的少女，走到正面，却如见一个吉卜赛老女郎，五十有余。这样的反差，来自心灵的自由和智慧。她极聪明，有灵性，像个小神婆。

安吉娜自幼在英国长大，对于贵族精神的向往是由衷的。她喜欢我，觉得我有中国人少有的纯洁气质，被她归类为高贵的一种。“你还可以更自由。”她说。我是处女座和天平座交接的那天出生的，优雅、美好是我的外壳，内核是较为严苛的自我要求，容易让自己和身边的人紧张。

近一两年，我常常想要寻求心理医生的帮助，克服内心一些隐患或顽疾。安吉娜做过儿童心理专家，和她聊天可以看到自己的一些内在问题。

我们谈到童年，谈到家庭和从小所受的教育，谈到情感教育的缺失。安吉娜说，我们普遍缺乏的安全感和自信应该在7岁之前养成，那时去修复还有用。如果错过了这个时期，就需要忘记过去的阴影和经历，成为全新的自己。而心理治疗，无非就是让你正视问题，从而转移内在的注意力。

我不是心理专家，甚至对此毫无研究。从安吉娜说的来看，童年的心理创伤只能后天转移或减轻，不能彻底修复，那忘记，无疑就是最好的法则了。

随时忘记过去，清空自己，有点佛家四大皆空的意味。曾经失败，就失去了冒险进取的勇敢，就彻底被失败打垮了。曾经受伤，就不再相信自己值得被爱，就永远不可能得到爱。曾经成功，就失去虔诚谦卑而不可一世，离失败就不远了。

有人跟我说，乔布斯的Stay hungry，stay foolish（保持饥渴，保持愚蠢）是保持一种狼性的状态，随时以最轻便的姿态勇猛出击。我的理解是，随时忘记过去，随时清空内存。人脑如电脑，内存越空，运转效率越高。

有时候想起古人问道，面壁三年，思考一个问题，到达顿悟。我们今天连彻底的孤独都很难做到，心里杂草丛生，何谈忘记。

过往不恋，当下不杂，未来不迎。先做到忘记。

越是生活不易，
就越要保持好身材

瘦身这件事情，让我体会了上帝的绝妙暗示。

大致的肥胖都由以下几种因素导致：1.吃得太多且缺乏相应的运动消耗；2.睡得太少；3.自身代谢差或后天生活习惯导致自身代谢差。

如果你是选项“1”，恭喜你，你属于减脂人群中最幸运的，只需稍微控制饮食，再加以并不痛苦的基础运动，比如走路就可以瘦起来。因为相比较节食降低身体代谢值，一向爱吃东西的你想必也培养了较好的代谢功能，正常吃饭加运动还可

以继续提升你的代谢值，只要能管住嘴迈开腿，你属于瘦得最快的人群。

如果你是选项“2”，更要恭喜你，只要睡得着，多睡就好了。一次好的睡眠可以帮助你消耗掉 300 大卡的热量，因为可以提升代谢。也就是说，如果你的代谢是 1300 大卡以上，你就大致可以正常享受美食无须节食（但需在睡前 5 小时内严禁饮食），靠多睡瘦下来。

减去 1 公斤脂肪大约需要消耗 7700 大卡热量，每晚睡去的 300 大卡热量可以让你在一个月内妥妥地瘦去 1 公斤。因此你只需要调整生活习惯，“晚餐早吃＋多睡”，就会和我这两个多月“健身＋少食”的效果一样。

所以综上两种，所有人减重的办法莫过于在提升代谢水平的同时控制热量摄入。代谢提升了，热量消耗快。但另一个逻辑又常常被人忽视，控制热量摄入本身又会降低代谢。所以需要通过“运动＋良好的睡眠”弥补且提升代谢值。

请注意，靠“运动＋控制饮食＋良好睡眠”带来的是“代谢的提升＋体脂率的降低”，这不是传统意义上的“减重”，因为，在减去脂肪的同时，肌肉含量会增加——这是提升代谢率的重要因素。但不用担心——肌肉的体积远远没有脂肪大，还可以帮助塑形。

如果你和我一样属于压力性体脂含量过高（就是压力肥），或先天代谢低（体态圆润型），或由生活习惯、营养不均衡造成的肥胖，情况就艰难了许多。何况第 2、第 3 种情况在我身体都有体现。

刚开始健身时，我的体能和身体柔韧性都偏差，所以基本上运动强度会低于常人。好在我决心强，不缺勤，教练和我一起把体能和代谢值往标准靠了一截儿，基本到了 1200 大卡的代谢值，还有望提升。

问题就在这时候出现了。身体条件不好，产生了健身强度增加后更多的不适应，我几乎很难体会到那些健身狂人的快感。偶尔的身心释放中充斥着的自虐与被虐，比如，心率撑到 180 才能坚持完成教练规定的有氧时间。我当然知道心率超标不好，但是，我们笨鸟只有靠死磕自己取胜啊！

直到各种身心疲惫、失眠，我终于开始打乱健身计划。

请看我的“90 后”小同事。她们可能只是晚餐减半，并每天按我发起的走路上班运动走上一个月，轻轻松松就下去了 5 公斤。所以，上帝赋予了每个人不同的优点和劣势，只是你们恰巧看到了不同人的不同方面而已。

上帝的公式继续在我心里演绎。随着年龄的增加，代谢将会持续降低。但只要坚持健身，以及健康作息，代谢就会弥补回升。同时身体会更年轻，心情也容易更愉悦。前提是，要有足够好的状态驱动运动健身。命运难有定数，却又给每个人留下了为数不多的确定性因素，比如，投资健康及学识，每个人只要肯投资就总会有回报，而且是各种呈几何数增加的额外回报。

神奇吧？

所以，对于我自己的解决方案是，无论如何疲惫，健身在所难免。不求减脂，但求保持生命的原动力，而且我相信，只要坚持，就一定会一天比一天好起来。

那么，如何培养对健身的热情和坚持，就成为一个新的问题。做平板支撑时，“咬牙坚持”的时间以 10 秒计，坚持到最后那 10 秒如一周那么长；做负重训练时，“咬牙坚持”的时间以 5 ~ 10 次计，坚持到最后那 10 次如一周那么长；力量训练完进入跑步环节，最后“咬牙坚持”的时间以分钟计，心率 170 上下时，坚持 1 分钟如 10 分钟那么长。

每每觉得自己快要坚持不下去时，我就告诉自己只要不放弃。喂，你可是创业者是老板呢。

是健身让我开始与身体本能做对抗。生活中各种小挫折在最后那 10 秒、10 次和 10 分当中不值一提。我感知着心里的难过纠结在流汗中一点点消逝。

也是健身中的身体对抗让我感知到了时间的长度，成年人的一年转瞬即逝，暮霭老人却度日如同一年，健身中的一分钟可能就是一个核心肌群训练的时间。作为身体健康的年轻人，更应当珍惜轻快呼吸的每分每秒。要么人生有意义，要么取悦自己，往往，这二者可以达成最后的一致。

看到这里你们该同情我了。这么艰苦瘦身真是为难你。但你看，上天还是公平的，如今的我，可能依旧是朋友及同事当中体形保持得较好的一位。老天爸爸甚至在用“先天瘦身条件不足”促进我的运动意识，逼迫我去坚持。

笨鸟先飞。不是因为笨鸟一直很笨，所以要先飞。如果一直很笨，快鸟是完全有机会赶超的；而是因为，在飞的过程中，笨鸟就变成了快鸟，甚至是所有鸟中最快的那只。天道如此酬勤。不信你去看那些经过 1 万小时训练后成为大师和天才的人。

于我而言，不遗余力驱散脂肪还包括节制饮食。教练所说的 7 分吃 3 分练一点都没错。跑步机上连续跑上 20 分钟，我就已经累得不行，才消耗 200 大卡左右的热量，如果让我知道两枚鸡蛋或一碗海鲜汤的热量就能让我气喘吁吁地跑上 20 分钟，运动是会带有情绪的。喝一次大酒的热量就可以让一周的健身结果付诸东流，看看这张表：

主食

白饭（140 克）210 千卡	白馒头（1 个）280 千卡
煎饼（100 克）333 千卡	馒头（蒸，100 克）233 千卡
花卷（100 克）217 千卡	小笼包（小的 5 个）200 千卡
肉包子（1 个）250 千卡	饺（10 个）420 千卡
菜包（1 个）200 千卡	咖哩饼（1 个）245 千卡
猪肉水饼（1 个）40 千卡	蛋饼（1 份）255 千卡
豆沙包（1 个）215 千卡	鲜肉包（1 个）225—280 千卡
叉烧包（1 个）160 千卡	小水煎包（2 个）约 220 千卡
韭菜盒子（1 个）260 千卡	春卷（100 克）463 千卡
烧饼（100 克）326 千卡	油条（1 根）230 千卡

所以付出过努力去健身的人，会更加珍惜对饮食的节制。但反过来只节食不健身，身体很容易反弹，因为代谢降低了，过些天正常吃饭就必胖无疑。

所以老天爸爸的公式是：尽管运动并不比食物对体重影响大，但只要你运动了，美食和好身材、好身体，甚至包括更美的容貌，都统统给你。你看划算不？当然划算。

他也通过减肥的种种艰辛提醒大家，纵欲容易弥补难。你很容易通过付出努力去拥有更加强壮的身体，但是一旦想要删除沉淀到身上的脂肪，一切就变得艰难。那些沉淀在你身上的脂肪，是你生活现状的投射。你熬过的每一次夜，放纵过的每一次食欲，你躺在床上辗转反侧，你承受了身体难以承受的压力……

所以，赶走脂肪的过程，从某种意义上，就是修复和重建自我的过程。你将变得自信又谦卑，离生命的正能量那么近。

越是生活不易，越要保持好身材。然后生活就容易了，身材也就更好了。人生的新希望，就从这个确定性投入开始。

亲爱的，愿你终身美丽。

不穿文胸的兔子，晃得我两眼放光……

某天下午和从法国学设计回来的成都姑娘兔子聊天，我惊讶于她的知识储备和人生追求。她在迪奥、香奈儿等一线奢侈品公司工作过，认为如今的中国也可以并应该有自己的国际一线品牌。于是，她回国创业。

“90后”的兔子，不穿文胸，随意激凸，一头烟灰+粉红的长发，眼睛大而深陷，嘴唇深厚，有着性感的欧式面孔，穿自己设计的衣服裤子，腿美且细。

她关心政治和天气，胸怀家国天下，是“90后”文艺女青年中的特例。她看《孙子兵法》，酷爱哲学，熟读唐诗宋词，也看各国艺术史。她在成都办自己的艺术展，还去高校演讲，讲“90 后”的“自我”和“内在虚弱”是一对矛盾。

“如果我可以按照自己的心愿，勇敢选择自己的生活并付出努力，你们也一定可以。”口才一流，真诚一流，激情一流，兔子的演讲让台下哭倒一片。

她问我：“如果离开这个世界时，只被允许带一本书走，你带哪本？”

我说：“可能是《圣经》。”

她说：“我带 kindle，或者，把我喜欢的书都压碎放进一本书里。如果就是一本，那么我选《红楼梦》。”

“为什么？”我问。

“里面寄托了中国人乌托邦式的梦想。各种奢华，各种美，各种衰落的意境。”

“还有一个未进入丛林法则的男人对世界及女性的美好想象，以及不肯妥协的纯粹。”我补充说，“你最喜欢里面的哪两个人？”

“黛玉和妙玉。我喜欢干净有灵气的人。”

“你怎么看薛宝钗？”

“一个压抑了自己的欲望和情绪的女人，无论在哪个环境都是迎合事态的既得利益者。”

“是学校的好班长，企业的好助理，土豪的好老婆。对吧？”我问。

“是的。她常年吃冷香丸来平复自己的欲求和情绪，才可以做到喜怒不形于色。我小时候都能背诵出这种香丸的配料。”她说。

“我喜欢有爱憎、有情绪的人。情绪是一个人的灵魂在张弛，是创造力的源泉。”我说。

我们聊到法国人的个性和自由，没有哪两条街道是一样的，没有哪两个法国女人在相互攀比借鉴。一个被自己和周遭全然接纳的女人，应该有苏菲玛索那样的神情，甚至是不惧衰老的心态。相比较而言，大部分中国女性，都具有一张自我压抑和背负他人看法的脸。不会恸哭，不会大笑，十分在意别人的目光。

相比较各种精致的妆容，修身大牌的着装，实际上，我更愿意看到一个女孩身上的随意之美。不迎合，不讨好，自在绽放，卸妆后亦是充满光芒。或者安心做个疯疯癫癫的女蛇精，不必故作端庄。如兔子这样的女孩一样，有自己的风格，有自己的目标，有自己的开阔。除了热爱男人，还可以读自己的书，做自己的事业，染自己的头发，有自己的主张。

即便你是一个普普通通的姑娘，没有那么多繁华的梦想，也能够全然接纳并赞许自己，认清自己并呈现自己。该表达时不沉默，不顾左右而言他。

相比较做一个有“冒犯”、有“事故”的人，把自己隐藏起来，做四平八稳的“他人”，才是最冒险的一件事。

要做到这些，我和兔子的建议是：

1. 每日睡前观察自己的一天，有哪些行为，是做自己并带来了人生福利的？

2. 每日清晨，用心鼓励自己，要度过满足自己心意的一天。

3. 看到自己的情绪，鼓励并接纳它们的出现，谢谢它们出现、陪伴并丰富你的生命。它们是最好的哨兵，反射我们内心真正的需要。

4. 保养好自己的身材和皮肤，让自己可以有素面朝天的美，麻布裹身的性感。

5. 以上不为他人，只为悦己。

多少好姑娘，逼成“绿茶”

对部分男生们来说，“好女孩”给人的感觉大概就像一杯热牛奶，温和，想让人拥抱，但不刺激。但是“坏女孩”给人的感觉就像一碗麻辣烫，明知道会辣得让人掉眼泪，但还是要去解解馋。热牛奶助你安睡，你醒来感叹了一句“睡得真香啊”，然后就出去搓了一顿变态辣的麻辣烫。吃了几顿麻辣烫之后口舌生疮嘴里开始长泡了，又心慌慌端起牛奶喝了起来寻求心理安慰。

当下的社会里，男人不缺性，女人不缺钱。原先那些看起来老实本分的直男，也在某些软件的怂恿下变得越发大胆。但反过来，他们大部分人却不愿意娶一个软件上约过的女孩。炮友变女友的事情不是没有，但走进婚姻之前，他们还是会左右斟酌。

男生心里怎么想？浪完了就娶个女备胎做妻子？

相信没有人愿意沦为备胎，不论男女。但女生往往更加感性，想要不被“女备胎”，首先得知道“坏女孩”们受欢迎的原因。

1. 神秘感是最诱人的。

“坏女孩”会把自己的本真生活和从前都保密，满足你所有的神秘幻想，同时也不会让你知道她们的过去。而好女孩却很坦然，如果爱你，会主动告诉你很多秘密和想法，这破坏了所有的神秘幻想。

实际上，好女孩的真正神秘的是她们丰富灵动的内心，那些坦诚背后隐藏了真正的善意，但大家忽略了这些。

2. 恋爱更注重的是外在的感觉，不是内核本质。

如果一个女孩真的喜欢一个男生，她们会计较、任性、生气、伤心、说狠话、显得很笨拙……这些表现的内在核心是因为爱，其实这些与她们是否懂事体贴完全不是一码事！

因爱故生怖，男女皆如此。越是历经沧桑，越是容易被这种稚拙打动，相反，一个初级猎人也总是容易被一个资深猎物搞得魂不守舍，因为情绪上的幻想与刺激，以及需求的被取悦满足。

“坏女孩”会满足男生的所有的幻想，会很乖巧、得体、懂事，也懂得释放神秘感，让你感觉很不错且省心，并想要征服占有她。所以，当遇上一个情绪稳定又完美无比，总是那么适配你的所有需求的恋人时，别急着坠入情网。她或他，有可能只是一枚情场老手。

情场老手惯于游戏人间，他们的目的在于征服，乐趣也在于此。

但是，怦然心动对于每个人而言都是弥足珍贵的，倘如遇见真爱，绝大多数自信的人都会主动自废武功、放弃技巧，用最本真的面貌去恋爱。这就如同上好的食材，人们总是用最简单极致的调味品小心烹饪，谁也不舍得拿去滚麻辣烫。

情感的快餐时代，所谓的“坏女孩”更容易赢得真心，往往是因为她们的技巧，容易让思维更为简单的直男顺势跌入怀中。行色匆匆中，每个人似乎都面临很多看似可能的选择，缺乏耐心去真正了解和体会另一个人。

所以，除非足够骄傲，千万别在一堆大排档中充当菌菇汤小清新，否则你会死得很惨。我们不必纠结是否要去变成他人眼中受欢迎的女孩，而是要学会正视自己的内心。不是成为更好的自己，而是更好地成为自己，向“坏女孩”学体察和满足他人需求，既是慈悲，也是真懂事、真体贴，而非一时的取悦。

好女孩应该抛开内心的纠结，尝试去开始一段恋爱。别害怕，别犹豫，试试和别人相处、谈恋爱并不是浪费时间。它是一个很好地让你了解自己、了解别人，知道自己真正想要什么东西的机会。

没有什么感情和关系是不需要浪费时间就能得到的。你需要不断试错N+1次，才有可能遇见一个对的。说实话，如果你恋爱经验太匮乏，哪怕真是一段真爱，也有可能被你搞砸，因为你根本没有经验去解决你俩之间有可能发生的所有矛盾和问题。

好女孩，别太好，也别太乖。在很多男生看来，招惹好女孩会有压力。因为她们轻易就付出真心，轻易就受到伤害，总是容易把对方想得无比完美，并且一旦开始一段恋情，就认真考虑长期关系，甚至是结婚与否。

不能很好享受当下，玩好这场男女“游戏”。让男人这种天性需要承担“责任”又热爱自由的动物心理压力巨大，随时做好撤退准备。好姑娘，三观别太正，不要认为不是认真谈的恋爱就不能跟人相处，不喜欢他就不能撩他，不喜欢他和他恋爱就是对不起他……

“付出了就输了……如果失败了会不会受伤？”你们是不是常常这样想？

成年人的世界里没人是傻子，能够做到坦诚与不欺骗就是最大的尊重。突破自己对于恋爱和男人的认知，你就会轻松很多。

还是个学生的时候，你需要背很多课文做很多张卷子才能拿到高分。恋爱这门课也是一样，你需要经历很多男生才知道如何跟他们相处。当一个女生，从来不被爱情牵着鼻子走，没有恋爱饥渴感，总是随着性子享受生活的时候，才能真的活出她的有趣和性感。

我不想当你过尽千帆，告别的时候才大念三声我的名字。我要去当那个妖艳贱货，在你的生命里嚣张跋扈让你不得安稳。

我不想在你身边默默陪伴，在你的生命里只是锦上添花的众人之一。我要用尽我的万种风情，让你在离开我以后的日子都不得安宁。

我所见过的，能在爱情中如鱼得水般的女人们，都有一个共同特点：不是学历够高、不是长得够美、不是条件够好，而是经历的够多，有胆有识。你所经历的每一个部分，其实都会构建出你的不同面。这不是圆滑世故，这是生活把你打磨出了更丰富的层次。不同的经历，才能造就出不同的一面，彪悍的、犀利的、柔软的、细腻的、理性的、条理的。

单纯的女人，带着一颗玻璃心，越到人生的后面，越让人觉得太傻，因为，她们永远只有一个面。只有浪过、爱过、恨过，甚至绝望过的女人，才能像钻石一样，被打磨出很多面，逐渐闪闪发光，从容应付生活的不同局面。

做“坏女孩”，到底有多爽？

男生们喜欢的“坏女孩”，不是真的“坏”，而是恰到好处，具有侵略性的诱惑。相比万事较真的乖乖女，“坏女孩”们往往知进退，能陪男孩肆意大笑，也能听男孩倾吐心声，不为细枝末节斤斤计较，让自己和他人都轻松自在。同时，她们又有不按常理出牌的智慧和勇气，懂得激发对方情绪，不知不觉主导一切。所以，男孩子才喜欢“坏女孩”。

不只是对于男孩，对于我们中的绝大部分人而言，想要的恋爱无非是能够在平淡无奇的日子里出现一个人，惊艳了所有，颠覆了世界。

说说我的一个会扮演“坏女孩”角色的闺蜜，樱桃。

身高 155cm 的她在家境、学历、工作均普通的情况下，风风光光地准备嫁给交往两年的高富帅男友。问起在哪里认识的这个高富帅，樱桃轻描淡写地回复道：“探探。”这句回答惊得我下巴都快掉下来了：“你居然在社交网站上找男友？”

樱桃却看得很淡：“这有什么，做不成恋人做朋友也挺好啊，干吗一定要抱着谈恋爱的态度，别这么认真，放轻松点。”

从外表上看，樱桃非常符合“坏女孩”的形象，长得漂亮又会打扮，从高中起就是夜店小公主。但她的情商非常高，说话做事都让人感觉舒服，有一种“我真心是站在你的角度上为你考虑”的高明。与“好女孩”不同的是，樱桃愿意与不同类型的人做朋友，包括那些追她但她无感的男生们。

在谈到择偶标准时，平时嘻嘻哈哈的樱桃瞬间变成正经脸：“这个问题我想得很清楚，我要找一个生理、心理、物质都能满足我的男生。”

目标清晰明确，思考冷静理性，有一套适合自己的选择男友标准。这哪里是“猎夫”，根本就像执行工作计划那般有条理有根据。

高富帅男友追了她半年，其实樱桃也早就心仪他。闺蜜们疑惑不解：“那你还不答应他，这么好的男生你不怕被别人抢了啊。”樱桃神秘一笑：“不急，谈恋爱这种事，就是要忽远忽近，若即若离。男生就喜欢这种快得到又没有真正得到的感觉。”

两人自然而然地走到了一起，樱桃会用自己的智慧和魅力“调教”男友，让男友既获得了表现自己的机会，也让樱桃实实在在地成了被宠上天的小公主。但其间两次大闹分手的经历，差点让这段缘分戛然而止。

第一次是樱桃提出来的，理由很简单：交往半年的男友从未在朋友圈发过和她的合影。樱桃觉得，如果真心相爱，男友就应该把自己介绍给身边的同学好友，再不济也要让她融入他的生活圈子。男友也很委屈，说自己平时没有这样的习惯。面对樱桃的坚持，他乖乖就范，樱桃心里也很清楚：“既然选定了人，就不能白白成了他的隐性女友，身边莺莺燕燕这么多，必须宣誓主权！”

第二次却是男友提出来的，原因是家里人不同意，虽然说得很委婉，但聪明的樱桃还是知道了真相：男友是高干子弟，自己出身普通，个子还不高。对方父母觉得自己的儿子可以找到一个更好的。

这种事换了一般人，不是吵着本就陷入两难的男友要一个说法，就是骨气大过天一般地愤然离去。但樱桃听到这个消息后，虽然难过，但还是默默答应了。其实樱桃心里根本不想放弃男友，但她知道以退为进——这时候逼男友承诺无异于服毒自杀。甚至，在朋友圈看到男友和另一个女孩的合影时，她选择听从好友的建议，给他点了一个赞。但过了几天，她就特地发了一条猜谜的朋友圈，并附上一句："有谁猜出了，我请谁吃饭。"

果然，男友回复了她。当晚，樱桃约在了他们常去的酒吧，四目相对，樱桃当面表达了自己对这段感情的不舍和对男友的深情，反正煽情的话说了一堆，男友却依旧不表态。

换了其他人，可能对男友这样的态度会无比寒心："当初说得这么好听，一遇上阻碍就逃避，都是骗子！"但樱桃很清楚他就是自己认定的人，看到男友这么为难，她一字一顿地说："我知道自己的短板在哪里，但我会为了我们的感情努力变得更优秀，可以给我一次机会吗？即使没有结果，至少我们为这段感情努力过了，也就没有遗憾了。"

说完，不等对方回答，她先起身离开。

事隔几天，樱桃叫上我和其他姐妹去玩，选择的夜店却是她和前男友常去的那家。到了吧台，酒保一眼认出了樱桃，还笑问："王老板怎么没一起来呀？"这个王老板正是她前男友。樱桃一笑，酒保已经拿好了存酒并把樱桃和其他姐妹带到了樱桃和前男友常坐的卡座。

推杯换盏，玩兴正浓时，突然，樱桃的前男友“王老板”出现了，如偶像剧一样，一把抓住她，当着所有人的面，深吻了起来。原来，只要一开存酒，酒保就得通知“王老板”本人……

俩人和好如初，不，是欲扬先抑化不开浓情。第二周，王老板居然买了大钻戒，向樱桃跪地求婚。他认定，樱桃就是他想要一生一世的人。

现在俩人在布置新房，准备迎接美好的未来……

事后回顾，也是有惊无险，原来，那是她以前和男友一起设计的情侣专属谜题，只有他知道答案。樱桃料定他对自己还有感情，准备赌上一把。这让我对樱桃更加刮目相看，几乎都要拿出本子记重点：“快说！你是怎么撩回男神的心的？”

樱桃甜甜一笑：“亲，你要记住，我从一开始就没有将自己完全地交付出去，即使一开始交付了身体，但心灵仍是自由的。这样面对情感危机时，你才能保持沉着，去得到自己想要的结果。”

而“好女孩”们，大部分即使没有交付身体，心都已经完全沦陷，全然付出，不计回报。

“坏女孩”们就是这样，永远爱自己，在这一前提下再去爱人。懂得得体拒绝他人的示好，也会大胆表达自己的内心。该进该退，该任性该懂事，她们都弄得门儿清。永远知道根据具体情况，灵活应对。而不是只从自己的角度出发威逼利诱，或只是傻傻地被动等待。

看看“坏女孩”怎么活

日剧《失恋巧克力职人》也用了这两种类型的女孩做比较。男主喜欢的纱绘子，放在很多人眼中，她是个标准的“绿茶婊”，永远把自己打扮得像洋娃娃一样，十年如一日地吊着男主这个备胎。知道怎么让他嫉妒，怎么欲擒故纵，知道在不同的约会情况下该穿什么样的衣服和鞋。

而暗恋男主的熏，却和生活中绝大部分女孩一样，认为讨人喜欢这件事是可耻的。如果你真的喜欢我，为什么不能接受我本来的样子？她也不想理会其他的男生。

可是纱绘子会告诉熏：有时候通过喜欢上其他人，最终才能找到真命天子。纱绘子也同样告诉犹豫要不要开始一段新恋情的男主妹妹：趁年轻，可以多积攒失败的经验。

有多少姑娘之所以一直没有男朋友，都是被“好女孩”这三个字害的。

- 好女孩不能跟人随便撩骚，就算回短信带表情都是不够正经的表现。
- 好女孩不能跟不是恋爱对象的男生约会。
- 好女孩不能同时跟好几个男生保持暧昧，让自己有可挑选的合适对象。
- 好女孩一定要严词拒绝没那么喜欢的人的告白，连个了解和认识的机会都不给人家，不然就是把人家当作备胎。

得了，然后好男人都被会撩汉的撩走了，好女孩们还在各种委屈为什么自己没有男朋友。

很多“好女孩”，她们并不是没有丰富的内心，但以往过于压抑的环境让她们不懂如何展现自己的魅力，男生难以发掘她们独特的美，自然会被善于展现自身魅力的“坏女孩”吸引。

于是有些女孩坐不住了：原来他喜欢坏女孩啊，那我就学习成为那样的女生吧。就像电影《堕落天使》这部电影里，莫文蔚对黎明说：“你知道我为什么要染金色的头发吗？因为我想让你记住我。以前你追过我的，你记得吗？”

结果却往往像电影《十二夜》中描述的那样：陈奕迅与张柏芝吵架，张柏芝哭着问：“是不是我对你越好你就越嚣张？”陈奕迅不屑地说：“你以前不是这样的，你以前很过瘾很有性格的。”

所以，女孩们，别再为了“坏”还是“乖”而苦恼，更不要为了让男生注意到你也去做一个“坏女孩”，开始抽烟喝酒文身，想怎么穿得性感妖娆。

你只需活成你自己，便能活出迷倒众生的“坏”。

向男人学快意恩仇

不知道从什么时候开始，男人和女人之间泾渭分明。女人防范男人花心虚伪，男人害怕女人阴晴不定。所以，说谎话表忠心成了男人泡妞的必杀技，崇拜温顺成为女人留住男人的不二选择。女人总在猜猜猜，男人总在错错错。两类本来互为需求的简单动物，变得神秘莫测。

唯有搞不懂，才彼此留有好奇。唯有搞不定，才觉得刻骨铭心。上帝造物好聪明。

这其中有常胜将军。我深爱过的男朋友，都是泡妞高手，他们的统一特征都比较明显，看上了就猛追不留犹疑，被拒绝了也毫不泄气。你要闹情绪闹分手？对不起，我根本不受你影响，你那是矫情，让我亲亲抱抱看。他们也流泪，他们也受伤，但他们转身往往很容易，不管事后忘不忘得了你。

所谓坦坦荡荡，快意恩仇。不会在意谁先联络谁，也不在意谁付出多少，他想你就可以深夜翻墙入室，你不搭理就在沙发上躺一夜也在所不辞。这些泡妞高手，事业也往往是成功的。因为他们简单直接，不纠结内耗。尽管你有天闹情绪挂了他们电话，你再拨过去，他才懒得跟你计较，马上应答，反正他真的想见你。

而那些尊重我，或者更加深爱我的追求者，由于自信心不足磨磨叽叽，最终被轻易打败。看上去武功很高惯于搞暧昧的男人，其实并不是牛的男人，因为他们根本谁也搞不定，或者说，他们没有搞定自己想搞定的人，所以才和你暧昧。

如果我们敢于向这些快意恩仇的猛男学习，不怕主动，不怕受伤，从气势上就压过了对方，这叫态度鲜明的性感。如果对方不喜欢你，那就换目标，至少你除了感情受挫，一点皮外伤没有。其实人最不怕受的就是感情上的伤，既不折财，也不掉肉，tomorrow is another day ，对吗？如果对方不讨厌你，那么恭喜你，真的很容易命中。这里请注意，女生的主动和男人不一样，半夜翻墙入室他会弃你而逃，穷追猛打他会像躲他妈。你只需要适时地发点性感照片约见他。如果对方恐惧性感女人的妖娆，那就发你做饭的照片约见他。

有人跟我说过，只要你隔三岔五地约见他，除非你是凤姐，最终你都会搞定他。因为，见多了，就见习惯了，就习惯在一起了。最初只想要一个拥抱，后来又有了一个吻，后来上了床，成了家生了娃。大部分人的故事不都是这样的吗?

或者你还不用约见他。我的一个“90 后”下属告诉我，她从来都主动泡男生，因为这样有心理优势。即使自己喜欢的男生主动泡她，她也要先拒绝人家，然后化被动为主动追到人家。怎么主动?没事就和他聊聊啊。今天去逛街了，拍下试衣服的照片发给他，问，好看吗?明早又下雨了，告诉他记得带伞啊。

我还听过一个胖姑娘更牛的故事。她在单身时期锁定了几个潜在对象，每晚睡前群发一首歌给他们。每日一歌，无心而发。最后那几个男生都纷纷被打动主动约她，最终她选择了最具高富帅潜力的那款嫁了。

男人这么做叫“坏”，女人这么做，我觉得应该叫可爱。

以上方法我本人从未使用，所以人生有太多遗憾暂且不表。如果能穿越到未来，我想和最终的那位泡妞高手聊个天，请他高抬贵手，能否让我练练手，让我主动泡到他。

向"坏女人"学嘴甜心硬

几年前看过一部电影，叫《万箭穿心》，里面描述了一个把一手好牌打烂的武汉女人，叫什么我忘记了，只记得她有一张姿色不错的脸，由于不会做人，特别是不会做女人，一路成为黄脸婆和暴躁怨妇，最终度过了费力不讨好的一生。

她家境不错，但是下嫁给了一个经济适用男，但下嫁了还不甘心，在家里颐指气使，完全不会发嗲撒娇，丈夫想做爱，她一副交公粮的死猪样，结果对方三下两下就败下阵来。后来丈夫出轨了，她找到招待所，确认了这一事实，并且跑到对方单位大肆宣传叫嚣。结果丈夫跳江了。

一般来说，如果是聪明女人，会捯饬一下削尖脑袋嫁个离异有钱人。或者吸取教训敛声屏气嫁给一个暖男，从此岁月静好。但是她没有，像一个忍辱负重的贞洁女子，她挑起了赡养公婆孩子的重担。找不到工作，她就去做挑山工，把自己搞得又老又残。孩子不理解她，她也懒得搞亲子关系，作为一个唠叨又声色俱厉的母亲，让孩子压根不想看见她。

她人生中唯一的一丝暖色来自怜惜她的黑社会大哥，那个早年想泡她而不得入法眼的男人。他帮她接过挑山工的担子，但也帮不了更多，他俩在一起的时候，他已日薄西山，从监狱里刚放出来，无钱无势。儿子把他俩之间的互相慰藉视为通奸，让她别再回这个家。如果没记错，那个黑社会大哥好像后来也不好……非死即伤。

所谓万箭穿心，习惯就好。可这怎么能习惯呢？一辈子，打得一手费力不讨好、众叛亲离的烂牌。她不懂表达情感，不会柔软，不会说话，不懂得为自己谋划未来。看上去是个集所有命运不利性格因素的奇葩。检讨一下我们自己，或许没有这么极致，但或多或少，我们是否也有类似的问题？

我们常常看到声称自己是“好女人”的怨妇，比如，我们那个含辛茹苦的母亲。她抱怨无人理解，却从未理解过他人。她刀子嘴豆腐心，总是惹得公婆生气，又默默守到最后尽了孝道。

是什么阻碍我们获得美满幸福的人生。有时候需要像“坏女人”学目标感，学理性，学“嘴甜心硬”。

何谓嘴甜心硬？大概就是说话照顾对方的感受。让别人舒服的人，自己也会舒服。所谓情商，无非是懂得控制自己的情绪，通透豁达，不纠结不暴躁，可以以四两拨千斤之态轻轻绕过伤害与被伤害。每个人，尤其是女人，都应该没事多攒人品，向亲人、爱人、朋友的情感银行里存点“现金”，这样，你就永远不会孤立无援。

情感银行怎么存？对于女人而言，这几乎是天然的一种优势。送礼物吧，礼轻情意重。我的闺蜜海伦娜无论何时从广州来京，见到我必有伴手礼：一副耳环、一枚胸针、一瓶润肤乳……礼物不论轻重，总让人觉得体面又高贵。

此外，就是不要吝啬你的关心和赞美。相信我，每个人内心都很柔弱，旁人的一句肯定和祝福，会成为他或她前进路上的莫大勇气。所谓甜言蜜语，也是声声入耳，只要你不因着利益逢迎，不为着占有蒙骗。

为达目的的“坏女人”，从来没有一个不是满嘴抹蜜。这就是卡耐基看到的人性弱点。即使是批判的话，也要让人如坐春风地说出来。

嘴甜之后要“心硬”。“坏女人”的心硬是抛开情感不择手段地得到自己想要的东西。好女人的心硬是明白自己要什么，对违背初衷，带不来生活正能量的人、事、物坚决远离。这个世界上只有一种忍辱负重，那就是为着你内心真正的希冀，而非被他人的甜言蜜语哄得左右为难，明知山有虎偏向虎山行。

吉本拉拉在她著名的畅销书《厨房》的扉页上印有一句话：保持骄傲，保持冷静，去掉天真，每个人或多或少都会过上自己想要的生活。这里去掉的“天真”，不是我们本我的“天真”，而是因着怯懦的自我欺骗和想象，想象不通过坚持和努力就会财色兼收。

这让我想起 4 年前在丽江旅行，我遇见了一位看上去温和慈悲的中年女子，她的女儿活泼可爱，她住在丽江古城山顶的山庄，丈夫是一位德高望重的隐士，此前打下了家财万贯的江山。他们所居住的山庄堪称中式豪华庭院，有从一座庙里拆迁来复原做成的会所，可以在里面打坐瑜伽，有伴随着山风饮茶可眺望丽江古城的开放式茶室，有藏传佛教至尊鼎盛的佛堂……房舍中西合璧，常常有高僧和国外的皇室前来居住。

我们啜饮着他们自己炮制的顶级普洱，山风缓缓流转，她的声音平和温柔。她的人生故事也曾跌宕起伏，但眼前的她，仿佛早已云淡风轻。“这就是我想要的生活，很多年前我心里憧憬的就是这样的生活。我觉得，一个人只要心里想着自己想要的生活，并不断努力，最终就一定会实现的。”她说。这句话我一直记得。

那么，亲爱的姑娘，你是否在心里憧憬好了某种生活，并向这一目标清晰坚定地前进，并在这一过程中，学会了嘴甜心硬？

真心如何能比套路更得人心？

得朋友邀请，我去听世界级编剧教父罗伯特·麦基在北京的故事写作课，启发很大。

他是写作原理派倡导者，认为被时间及结果检验过的写作方式是基础，而后才有天才和艺术家的诞生。这句话的简单诠释是，如果我们被要求按照某种规则做事，怎样才能奏效，那往往是套路上的模仿，其结果是东施效颦，事与愿违。

但是任何创作都要遵循这门艺术本身赖以成型的原理去写好，那个原理，就是常识和规律，比如，油画就要和油画布在一起，写故事就要把故事写完整生动而不是让人摸不着头脑。

对于惯于借鉴模仿的我们而言，套路是近年来被热嘲和默许甚至推崇的路径，似乎代表了一种被成功验证的标准化模版，但结果却常常让人大跌眼镜。

有了套路，难免就走不了心，因为心是自由的。不仅艺术如此，情感如此，表达如此，人生亦如此。于是每个人都提防来自他人的套路，愿得一人真心。于是就有了另一个极端。一帮自由的真性情，如脱缰野马四处奔腾。比如，我们“她生活”的小编，有时候会为了追求自我发挥，用火星文代替汉字表达，或者忘记常规的标点用法。

有的姑娘为了追求素面朝天，真实自然，不分场合一律穿着随意，不看自己的气色五官，始终不化妆打扮，有时候真的挺不堪的。

我亦见过某真性情姐姐如何对初次见面的陌生人言语调侃刻薄，不留给对方半点逃脱的余地。或者一些以文艺人士自居的大叔，言语放荡不羁，生活糜烂，自由表达进入了生活的方方面面，只要不犯法锒铛入狱就行。

随着年龄的增长，从叛逆到依旧追求自我的真实，我越来越意识到“随心所欲不逾矩”这句话的重要性。这是罗伯特·麦基所指的“规则”和“原理”，他们被时间和经验验证过行得通，可以让自己于天地万物相处更为和谐。

对于写作而言，急于求成、缺少经验的作家往往遵从规则；离经叛道、非科班的作家破除规则；而真正的大师和艺术家则精通形式。

我所见过的真正的作家及艺术家，无一不是理性而节制。在遵循永恒、普遍的形式大基础上，发挥个人风格和进行再创造。你见过李白、杜甫和苏东坡随意自创诗词节律吗？

凡·高这样的天才艺术家，有，但是少。我们每个人都可以标新立异地创立人生，但如果把能量用在符合常识的规则里，就会少去许多无谓的牺牲。因为能量守恒，人生有限。一个人的成功，不是随随便便的。

回到对我对启发上来。作为一个批判套路的人，我最近在反思自己的忤逆人性，离经叛道，不是极左，似乎就要极右。在写作一篇文章时，是否先考虑了读者感受？在与人的交谈过程中，是否洞悉了对方的需求？

去年曾经参加过一段心理学 NLP（神经语言程序学）教练培训，得到的收获只有简单的一个——我们的情绪和沟通模式深入肢体语言和神经，有很多的应激反应并不单单从口头表达道出，我们听到的、看到的、感受到的、身体表达的，往往完全不一致。

如果你想获得某个人的认同，获得有效沟通，请转到与他或她相同的磁场和频率，否则再动听的言语都是鸡同鸭讲。著名的《小王子》一书有一句精辟的话：“话语是误会的根源。”

有多少人会怎样想就怎样说，或者你怎样说，他们就怎样接收呢？如果你一番真性情对人，也请遵循对方接受的规则，这才是真正的用恰当的方式“爱对了人”。

之所以用罗伯特·麦基的启发来开篇，是因为我觉得写作这种看上去需要精心设计的书面表达，其实是“表达”的高级形式之一。无论口头、文字、图片、绘画，甚至是音乐表达，无所不用其心。

如果我们还在抱怨“自古真情留不住，往往套路得人心”，想一想，是否遵循了罗伯特·麦基的写作原理，我们是在用对方接受的形式表达，还是在自说自话？

骗子骗人的逻辑不过是顺应你内心的需求，或人性在现实生活中无法完成的虚妄。不久前看到一则网络新闻，一男子自称乾隆转世，骗取了某单身高龄富婆巨额资产。曾经一个四川同事告诉我，她爸妈常常被那帮卖保健药品的社区骗子骗去买一堆又一堆毫无用处的保健品。她气急败坏教育父母，不能上当受骗，却一点用处都没有。

“你说的那些骗子，根本不会用你这样的凶巴巴的态度和我们说话，买点保健品，有一帮年轻人陪我们聊天说话，叔叔长阿姨短的，对我们热心又尊重。买点保健品又怎么了？吃了总不会死人吧！”她爸用同样恶狠狠的语气回应她。

你听听，你看看。

人生的常识往往十分简单。不是每个人都能通过你的真性情接受并喜欢原本的你。于是，常常爱自谦的我，在公开场所，需要把个人成就和公司形象按照一定设计推荐给他人，你一自谦，别人就当真了。不要一边自谦一边抱怨他人势利。那些竞选总统的美国人，谁不是大大方方展现自己最优越的一面。

我们从小所受的教育，容易让人走弯路。满招损，谦受益，这又是另一个常识。大方展示自己的价值，往往是自信阳光自信的表现，但要站在对方角度去表达，给他人展示自我的舞台和机会，内心要留有真正的虔诚和谦卑。东西方文化有很大的差异，但几乎所有的贵族气质都提及了“礼让、谦卑”这一特质。

那种为对方考虑，按常识和规则所作的表达，往往让人显得高贵而优雅。

愿你有个性有锋芒，勇敢表达自己的人生，同时尽可能体谅关照他人，做一位得体有分寸、圆融而自信的 lady（抱歉觉得这个英文单词最能准确表达我的意思，我并不想用中文的女神或女士等来概括）。不人为制造疼痛和冲突，能量集中而遵循本意地，过好这美妙的一生。

我喜欢那些
有秩序感的男人女人

2107 年春天云新疆出差，同行者中有一位台湾姐姐，丁文静。我们十分聊得来，跨越了十余岁的年龄差，我喜欢她。

生活中，我常常是一个比较随机的人，于是总是带不足旅行用品。或者是鞋带错了，或者衣服没带够。这一次的新疆之行，我终于看似做足了准备。箱子里有四季的衣服，可以应付草原的寒冷，也可以应付新疆行程结束后去海口的一个论坛。有毛衣、冲锋衣，也有高跟鞋、职业装。还有草原必备的运动鞋。

然而，进入草原没几天我就有些尴尬了。带的几乎是户外服装，当随行摄影师想给我拍照时，我无法衬托草原的美。

再一看丁文静姐姐，跑鞋有内增高，很有时尚感，两双，搭配不同的衣服裙子。对，她带了几条紧身运动裤，早晨可以起床跑步锻炼，外面穿上大喇叭裙就可以去草原拍照又抵御寒冷；她还带了几条不同的围巾，既保暖又可以做服装点缀。

我们在草原上徒步，进哈萨克牧民的帐篷晚餐，昼夜温差近 20 度，她的各种神奇的衣服和围巾都能应付。还美美的。不仅如此，她还带了凉拖，在下雨不能去森林里采蘑菇时，她穿着凉拖和我们在房间里聚会，大裤子，牛仔服，用不同的项链装饰自己。她还带了上好的咖啡，早晨起床可以给自己煮一杯香浓咖啡，晚上回到房间雷打不动会阅读和静坐。

我觉得她简直是哆啦 A 梦，一路照顾我，从那个看起来很正常的大箱子里掏各种东西分享给我。她会按摩，教我调整呼吸，告诉我如何用手机摄影，居然还可以和我讨论《圣经》。我感觉她无所不能，无所不会。

说起画画，她每周会给自己安静的 6 个小时，专注地画油画，虽然她不过是个油画新手。晚上 9:30 之后她绝对不处理工作，只要天塌不下来，就让下属和同事的汇报待在邮件和即时通信工具里。这样，可以确保每天的能量状态都很好。

她是个文艺女青年，像三毛，但又绝对不是飘忽不定的

“文艺女青年”，她将自己的生活安排得井然有序。于是，她看上去比实际年龄年轻十余岁，充满活力，让人感觉内在力量很强。

她并非不忙，是两个少女的妈妈，同时是台湾纪录片女王，写书、拍纪录片，做企业管理顾问……身兼多种角色，俨然一个家庭和事业都能运营得很好的女强人。

了解越多，我心里越是暗生敬意。这些年，我接触过的中国台湾、中国香港、美国、澳大利亚等不同地区的优秀女性，她们身上无一不充斥着秩序感，不随波逐流，不消极堕落，十分理性而积极地生活和工作着。在成为自己的人生 CEO 的过程中做得很好，所以，她们的事业也异常成功。

她们日理万机，可看上去比实际年龄都年轻许多。去年的这个季节，我在上海与美国家政女王玛莎斯图午餐，七十几岁的她看上去不过五十岁左右，不关乎脸上的皱纹，而是那种蓬勃旺盛的生命力，让人叹为观止。

她不仅创立了卓有影响力的传媒集团，还辐射到女性消费及服务产业，成为全美第二大女富豪。即使后来身陷囹圄，她的风头依然不减当年，不仅建议监狱大厨们试着开发一些新菜，以提高犯人的生活品位，还不忘照旧保持报纸曝光率，甚至找到了新职业。

玛莎一出狱后就有两个节目到手。美国 NBC 公司“见习生”节目组宣布，将邀请她入主主持一个以她的全名命名的“玛莎·斯图尔特见习生”电视节目；另一个节目是“天天厨房”，节目里将邀请热情观众和名人来当嘉宾。

时至今日，她依然保持每天早起写作的习惯，共出版了 80 余本书籍。对，就是在我们熬夜或是失眠起不来的清晨 6 点。

这就是我要给大家分享的感受。无论男人女人，一个活得有秩序感的人，人生不会太差。你可以将这种秩序感理解为自律，并在此基础上让自己的人生井井有条，这是一种莫大的理性和能量的补充。

人生的安全感莫不是自己给予的，从一件件小事着手——大姨妈来之前在手袋里准备好卫生巾，当穿丝袜出门时备一双在手袋里以防刮破，晚上 10 点后尽可能回家，工作中对可能出现的问题做好 plan B 和提前预估。

有意去建立靠谱有价值的人际关系，身边皆是可信任之人，无论工作搭档还是家人爱人，你的人生就不会太差。拎得清事情的轻重缓急，尽可能认真细腻地对待自己和生活。如果一个男生在约会当中冒冒失失，不考虑周全，我会觉得他的事业也不可能太成功。

曾经的我在生活中天秤座特征十足，慵懒而迷糊，只有在工作时才表现出浓烈的处女座特质。现在的我几乎要被秩序感占领，因为，人生就是牵一发而动全身，曾经所有的荒诞不羁，都在为你后来的摇摇欲坠埋下伏笔。

我渴望早起，渴望每天有美好的早餐和静心阅读的时间，渴望运动和规律写作。渴望那种健康、纯粹、严谨、靠谱的生活，即便是心血来潮，即便是为爱痴狂，也有自己上天后的入地，双脚踩在地上，不飘忽虚掷。

想起叶芝在《凯尔特的薄暮》中的一段话：“奈何一个人随着年龄的增长，梦想便不复轻盈；他开始用双手掂量生活，更看重果实而非花朵。”

我觉得说得真好。

三十岁：没死，没婚，成为“女神”

2017 年，SK-II 推了一则广告：30 岁的女人，在酒吧不敢喧嚣，相亲时抬不起头，整个世界充满了质疑——喂，你这个还没嫁掉的女人，你怎么还有脸活着？当女主角终于突破年龄限制，开始勇敢做自己时，在酒吧疯玩，告诉狂妄无礼的相亲对象自己的年纪并扬长而去。哇哦！感觉太棒了！“女人要勇敢活出真我，不被年龄限制。”没想到，这则广告却并未刷屏。

此前，SK-II 的那个剩女广告可不是这样：一群被父母在上海公园相亲角高高挂起的剩女，抹着眼泪在镜头前讲述——爸、妈，我们不是剩女，我们只是想等到那个真正相爱的人，一起携手走完余生——“不接受现实的妥协，我们相信爱情。”这则代言剩女心声的广告视频，火遍大江南北。让人想起《剩者为王》里父亲的那段感人告白：

“以父亲的立场，我可能不应当将这些对你和盘托出。但她是我的女儿，哪怕一直以来，我和她妈妈都挺担心，有时候，连我们也会走偏，觉得不管怎样，她成家了就行了。但到头来，也不过是随便说说的。我希望她幸福，真真正正地幸福。

“她不应该为父母亲结婚，不应该在外面听多了什么风言风语就想结婚。她应该跟自己喜欢的人白头偕老。去结婚，昂首挺胸的，特别硬气的，好像赢了一样的。多骄傲啊……

“我是她的父亲。她在我这里，只能幸福，别的都不行。”

同样是两则代言女性心声的视频，为什么后面这次没火呢？在我看来后者多少有点矫情。但凡在意和强调，都说明内心真的没过这个梗。

你难道希望姑娘们转发这条视频到朋友圈，告诉大家：我已突破自我限制，不怕大龄，我要做我自己！

真有点掩耳盗铃的尴尬。

30岁的女人，到底需要突破什么鬼年龄限制？

一切都很好啊，人生巅峰的最美年纪。如果你没交过 30 岁的女朋友，或者还没经历过 30 岁的年轮，你怎会懂得个中妙曼。

30 岁那年的生日，我已经记不得了。只想得起来，30 岁之前的我，活得不太自信，把年轻、可爱、憧憬、幻想这些来了又去了的东西握在自己手里，紧紧握住。生怕错过一个人，就如同错过一生，错过一个机会，此生就彻底完败。一点也不从容。

于是，就在接近“死亡线”的 30 岁，我睁大了双眼一步步挪过那个地雷，发现不但未原地爆炸，那天反而风轻云淡，仿佛一切尚未发生。我轻轻地，轻轻地，就迈过去了。30 岁没死，没婚，成为自己的女神。

那年之前，我以为男人喜欢一个人就会去追求，我等着就好了。如果对方没主动出击，那说明他不爱我。现在我知道，有彪悍的女生就有矜持的男生，因爱故生怖，谁都怕被拒绝。喜欢一个人，我学会了放下姿态，朝他“眨眨双眼”。

30 岁之前，和一个人在一起，就必须要考虑一生，搞得十分上纲上线，大家都不轻松，如今，我学会了安住当下，顺其自然。

太多美好随着 30 岁的到来而发生，因为那年我真正找到了自己，明确了自己的禀赋方向，不再被外界影响，从此开始走自己的路。不迷惘，很精准的人生，每一分付出都让人有所斩获。

我找到了自己的形象气质和风格。太明艳风骚的着装不适合我，要在清雅里寻求自己的性感。头发不再一会儿烫卷一会儿拉直，有自己固定的发型师，知道怎样的发型适合自己。

你看得到行人对你的注目礼，也知道每次不同的场合如何做自然而得体的自己。你明白哪些人会欣赏你，爱上你，哪些人会无视你，不喜欢你。这都不影响你简单从容地朝前走，穿过不同的目光，做自己。

有一次夜航飞机，我用湿纸巾给自己轻轻卸了妆，涂上无色无味的润唇膏，把头发绑起来，打开电脑写文章，然后拿出书来翻看。下飞机后，坐我旁边的上海阿姨追过来，问："姑娘你是作家吗？我看你好优雅的呀！好看的嘞！"

这让我想起二一几岁那次坐飞机，傍晚的航班，从成都飞北京。飞机延误等待起飞，百无聊赖的我注意到了斜对角的一位黑衣女子。身着素黑简洁的软绒外套，额头光洁，没有化妆，只有少许色斑星星点点，应该是 35 岁上下。她捧着书的那种淡然专注显得安宁、优雅，异常美。那是种年龄沉淀下来的自吐兰花的气质，柔软、自信，有大美。

对，后来我看到俞飞鸿，就是那种感觉。没想到，30 岁之后的我，终于也长成了那个样子。"你身上有谜之气息，又很深远，形容不来，书一样的女人。"坐在酒吧与闺蜜 Y 喝酒，她突然盯着我说。

30 岁之前的我，没有这样的闺蜜，可以安安静静约出来，找个爵士乐酒吧，彼此欣赏，什么都不为地喝酒，不管旁人眼光。

不再戴上面具争奇斗艳，你是怎样的人，便会吸引怎样的人。恋人如此，朋友，亦如此。

有欲望，敢追求，能得到，愿赌服输。对于过去种种，已然释怀，未来种种，不过多期待，当下的每一天，都细心经营。

30 岁之前的我，不会将房间整理得干干净净，也不会将许久不穿的衣服断舍离。不会用心给自己准备美丽健康的食物，更不会精细计算着摄入的热量。懂得照顾自己，就会更爱自己，就会更加自信，而好好生活，几乎是人生的一切疗愈及基石。

从来不怕年龄大了嫁不出去，因为我们都遵从世界的大概率在生存，如果岁月让你变得更好了而不是更糟了，你会得到更好的一切，因为物竞天择的“匹配”逻辑。

如果嫁不出去，一定是哪里出了较大的问题。毕竟，孤独终老，是小概率事件。上帝造人，就是要让男女结伴，组成人生搭档前行，女人是男人的肋骨，遇不到合适的“肋骨”，男人也不会完整。

你看，我手里有一张关于 30 岁的塔罗牌，牌的正面是：从容、成熟、风格、自信、更爱自己、更豁达、更有风韵。牌的反面是：焦虑、自卑、衰老、剩女、不安。

你愿意把牌翻到哪一面去选择自己的人生？

当你纠结30岁的失势，可曾想过20岁的你，是否握紧了20岁的优势，过好了那一年的青春？

你现在失去的，都是曾经拥有的，对吗？而你现在拥有，未来又将失去的，会是什么呢？

30岁的女人，脸上没有皱纹，身材凹凸有致，懂得自己是谁，明白自己要什么，又成熟又青春，好好把自己所有的优势全部发挥出来，让身上的长板更长，而非盯着年龄这个数字惴惴不安，这就是人生中最好的嘉年华啊。

如果你敢在巅峰上跳舞，你的人生，必然越来越开阔，开挂了呢。

如果有男人对你说，噢，你都30了呀，女人三十豆腐渣。对，他一定是村里来的，让他回村里找村花吧。你足可以抬头挺胸，风姿绰约地，走到任何自己喜欢的人跟前，对他或她说："嘿，你好"。

哪有什么剩女，除非你自己这么看自己。亦舒说："我宁愿得癌症，也不愿意回到懵懂无知的年轻时。"

你愿意吗？

反正，我的人生，30岁之后就开挂了。

人生的重启键，你有按下的勇气吗？

我身边许多人，包括我自己，都对生活充满着大大小小的不满。但真正做到抛下过去重启的，并不多见。

我们以为重启需要很大的决心，却往往是命运不经意间的推手，就把我们推向了另一条河流。

人生中有很多次重大重启是在不经意间发生的。如果不是那位采访我的女生，我不会创办“她生活”。那时我在一家互联网公司工作，她采访行业有代表性的产品经理，就找到了我。采访完，我顺便说哭了她。

为什么？

我觉得她准备得不够充分，问了半天不太有针对性的问题。趁机，我以女魔头的姿态告诉她一个好的采访应该由哪些因素组成。毕竟，我做过多年的一线记者。

我以为她会恨我。没想到，这个女生第二天要请我喝咖啡，说："姐姐，我能和你做朋友吗？"我们在北京新光天地一层的咖啡厅见面了。她跟我道歉，然后说，之所以没做好准备，是因为她不喜欢现在自己的工作。

"那你喜欢什么呢？"我问道。

她说："喜欢生活，时尚，文学，总之不喜欢做商业报道。所以对工作毫无热情。"

"那怎么办呢？"我问。

她再一次流泪了，沉默又纠结。

"现在微信推出了一个叫公众号的新媒体样式，我觉得挺有前途的，不如你开个自媒体号，写自己喜欢的文章吧？"我说。

她突然眼里放了光。"好呀好呀！那，这个公号叫什么名字呢？"我一秒钟也没想，脱口而出"她生活"。

三天之后，她如约给我了关于"她生活"的内容规划。如果不是她的认真，那次谈话会和人生中许多次畅想一样，想想也就过去了。

后来，我开了“她生活”这个微信公众号，由我的闺蜜土豆、素心、小芳等人闲暇时间的运营，我是背后的策划者。而那个采访我的姑娘，一段时间后就换了工作，告诉我她可能无法坚持运营“她生活”。你看，如果她坚持了，今天的创始人也许是她，不会是我。

我记得那是 2014 年，我们接了第一个广告，周生生珠宝。客户从我的微博辗转找到我，说一定要给他们机会合作。我受宠若惊。

后来，我们获得新媒体创业大赛北京赛区冠军。到那时，我依然不知道，未来几年我会为此挥洒泪水与汗水，青春与热血，会得到很多也会失去很多。

人生有很多重启键，你在按下之前，根本没有瞻前顾后的计划，它只是自然发生，不知不觉就出现了。

后来，我决定从互联网公司出来，也并非想要创业。只是觉得，人生到此应该有个暂停键。我并不想做一个纯粹被市场驱动的商业动物，而大公司的内耗和简单粗暴的企业文化，让我一直疲于应付。

我想从一个互联网机器回归到女性角色，有满满的成长经验和教训想要反哺给更年轻的女性。让一如当初的我的她们，不至于在成长过程中孤独探索，迷惘又错过。当我想到这些时，正好出现了一个“她生活”，后来做着做着就上瘾了，融入血液，并无法自拔。

很多人需要以某种仪式感来为自己作决定，或者在某个特殊的瞬间感觉命运的开悟，比如，村上春树在棒球场上突然感知到也许未来可以写小说。第二天，他就买了纸笔开始写小说，从自己都难以面对的僵硬字句，逐渐找到感觉，并终身致力于写小说。

我则常常在卡丁车上作决定，车速越快，过程越激烈，我反而越能听见自己内心的声音。我轻轻地，就作了那个决定。

我相信你也是，在人生的重大方向性选择上，内心有无比坚定的声音，告诉你该去的方向。你要听到她，并顺服于她。不撒谎，不抵抗。剩下的，只需要勇气——预设最坏结果，自己也能坦然接受的勇气。

创业过程中，我犯过错误，错失过良机，被背叛，被误解，被抛弃，被放弃……甚至当初一起玩的闺蜜们一段时间后不再有玩耍的兴趣，纷纷成了我的场外支持。只剩我坚持了下来，孤零零的，满身是不断被打碎的自己和不断被缝合的自己。

无论经历多少狗血与挫败，批评与自我批评，我从未放弃前行的热忱和勇气。因为是当初那个重启键，给了我后来的一切——

我们发起过对自残女青年的成功救助；

我们发起了轰动海内外的中国女性情感调查；

我们的她蜜站在世界选秀的舞台上，获得了世界小姐中国区冠军；

但这些都不是最重要的。

我收到过一位读者的投稿，20 年来她首次讲述自己被性侵的经历，并且是公开讲述，她选择了“她生活”。这是她父母都未曾听到过的血腥经历。

我无数次在后台看到留言，有她蜜说，自大学就开始关注“她生活”，懂得了男人的思维方式，树立了“有欲望、敢追求，能得到，做自己的女神”的价值观，希望自己未来的爱情、事业都能主动去争取。

我觉得这些才最重要。我收获了你们最深厚的信任。我想和你们一起醒悟过来，在这个大女主时代，中国女性真的不能再受传统教育戕害了。不能矜持、隐忍、环顾左右而言他，等待被白马王子救赎，以乖乖女的身份度过幸福安好的一生。我们要自己动手创造生活，扬长避短，发挥好自己的特殊优势。

如果现在的生活不是你最终想要的，请你和我一起，勇敢按下重启键。按错了也没关系，还有什么比生活在平静的绝望中更糟糕的事情吗？还能比现状更糟糕吗？

尽管我还不能以成功者的励志榜样说服你，但我可以把一个“受挫者”的收获告诉你：

我开始成为掌控自己命运的船长，虽然依旧胆战心惊。每个辗转反侧的失眠的夜里，我都告诉自己，除死无大事。挺过去，发现曾经以为失去的那些东西，反而是命运特别善意的安排，让我躲过了更大牺牲。我开始积累做决定的勇气。任何没能毁灭我的东西，终将使我变得更强。

我再也不要一边抱怨生活，一边被生活强奸。

我那位“辞去”豪门富太太“职位”的女朋友，一年后有了有趣、善良又帅气的新男朋友；

那个辞职回家生二胎的前同事，靠做微商赚了北京四环的一套房首付；

远在成都的珠宝创业者妖婆告诉我，她决定减轻线下门店业务，做视频、写公号，将线上业务继续拓宽。怀了宝宝，她想在家创业，再也不想风里雨里东奔西走；

公司的阿姨回了东北，趁人还年轻，她想在老家吉林寻个差事，找个老伴，过自己的日子；

我的表姐英子决定不再追讨那个在外养小老婆的渣男前夫，靠自己赚钱，养活两个孩子。

当然，不是每个人的重启都会一帆风顺，但如果命运的转折点已经对你挥手示意，你真的不想试试吗？

你不敢赌，怎么有机会赢？

今天的你，也许刚刚下班，决定换一份工作。那么，就去换。

你错过了此生最爱的人，你总一遍遍在深夜叹息。那么，就去找到他，和他在一起。

你累了，再也不想做工作狂女强人，如我的闺蜜海伦娜，那就辞职给自己一个不限日期的休假。

你想和一个人结婚，不要等他求婚，你去求。

你想赚钱，那就从今晚开始规划，从明天开始着手赚。

时间不多了，欢迎和我一起，重启人生。

图书在版编目（CIP）数据

你所坚信的生活，最终都会实现 / 她总著；—北京：现代出版社，2018.6
ISBN 978-7-5143-7102-4

Ⅰ.①你… Ⅱ.①她… Ⅲ.人生哲学－通俗读物 Ⅳ.①B821-49

中国版本图书馆CIP数据核字(2018)第101669号

你所坚信的生活，最终都会实现

作　　者：她　总
责任编辑：申　晶
出版发行：现代出版社
通信地址：北京市安定门外安华里504号
邮政编码：100011
电　　话：010-64267325 64245264（传真）
网　　址：www.1980xd.com
电子邮箱：xiandai@vip.sina.com
印　　刷：三河市宏盛印务有限公司

开　　本：880mm×1230mm 1/32　印　　张：7.75　字　　数：131千字
版　　次：2018年6月第1版　印　　次：2018年6月第1次印刷
书　　号：ISBN 978-7-5143-7102-4
定　　价：42.80元